农业废弃物资源化利用领域专利分析报告

● 赵静娟 贾倩 串丽敏 等 著

中国农业科学技术出版社

图书在版编目（CIP）数据

农业废弃物资源化利用领域专利分析报告 / 赵静娟等著. --北京：中国农业科学技术出版社，2021.10

ISBN 978-7-5116-5465-6

Ⅰ.①农… Ⅱ.①赵… Ⅲ.①农业废物-废物综合利用-专利-研究报告-中国 Ⅳ.①G306.71②X71

中国版本图书馆 CIP 数据核字（2021）第 170474 号

责任编辑	于建慧
责任校对	贾海霞
责任印制	姜义伟　王思文
出 版 者	中国农业科学技术出版社
	北京市中关村南大街 12 号　邮编：100081
电　　话	(010)82109708(编辑室)　　(010)82109702(发行部)
	(010)82109709(读者服务部)
传　　真	(010)82106650
网　　址	http://www.castp.cn
经 销 者	各地新华书店
印 刷 者	北京建宏印刷有限公司
开　　本	185 mm×260 mm　1/16
印　　张	10
字　　数	230 千字
版　　次	2021 年 10 月第 1 版　2021 年 10 月第 1 次印刷
定　　价	128.00 元

版权所有·翻印必究

《农业废弃物资源化利用领域专利分析报告》
著者名单

赵静娟　贾　倩　串丽敏　郑怀国

王爱玲　齐世杰　耿东梅　孙钦平

颜志辉　秦晓婧　张　辉　李凌云

张晓静　马明远　许俊香

目 录

1 概 述 / 1
1.1 农业废弃物资源化利用研究意义 / 1
1.2 农业废弃物资源化利用技术研究现状 / 1
1.3 农业废弃物资源化利用产业发展现状 / 7
1.4 农业废弃物资源化利用领域专利分析方法 / 15

2 农业废弃物资源化利用领域专利分析 / 21
2.1 全球专利布局态势分析 / 21
2.2 在华专利布局态势分析 / 31
2.3 技术热点分析 / 38
2.4 小结 / 42

3 秸秆能源化利用技术专利分析 / 45
3.1 全球专利布局态势分析 / 45
3.2 在华专利布局态势分析 / 67
3.3 技术热点及技术发展路线分析 / 73
3.4 重要专利 / 86
3.5 小结 / 92

4 畜禽粪污堆肥技术专利分析 / 96
4.1 全球专利布局态势分析 / 96
4.2 在华专利布局态势分析 / 103
4.3 技术热点及技术发展路线分析 / 105
4.4 重要专利 / 114
4.5 小结 / 117

5 重点申请人分析 / 120
5.1 机构简介 / 120

5.2 专利申请脉络 / 120
5.3 专利市场布局 / 121
5.4 主要发明人 / 123
5.5 在华申请分析 / 124
5.6 重要专利 / 125
5.7 小结 / 128

6 结论与建议 / 129
6.1 结论 / 129
6.2 建议 / 132

参考文献 / 134

附　表 / 140

图表索引 / 150

1 概 述

1.1 农业废弃物资源化利用研究意义

我国是农业大国,农业在我国经济社会发展中一直居于基础性地位。随着现代农业快速发展,农业技术装备水平不断提高,农业产量产能得到巨大提升,但随之而来也产生了大量农业废弃物,包括秸秆、废旧地膜、废弃农药化肥包装物等种植生产废弃物,蔗渣、甜菜渣、土豆渣等农业加工废弃物,畜禽粪便、病死畜禽等养殖废弃物以及农村生活废弃物。据统计,我国每年产生秸秆近9亿吨、稻壳8 000万吨、蔗渣700万吨、畜禽粪污约38亿吨,其中,秸秆和畜禽粪污总量最大[1]。随着我国农业生产力水平不断提高,农业废弃物产生量呈现显著增长趋势,2017年,我国农业生产秸秆和畜禽粪污产量分别比2004年增加50%和40.7%[2,3]。据估算,全国每年产生畜禽粪污38亿吨,综合利用率不到60%[4];每年生猪病死淘汰量约6 000万头,集中的专业无害化处理比例不高;每年产生秸秆近9亿吨,未利用的约2亿吨;每年使用农膜200多万吨,当季回收率不足2/3[5]。这些未实现资源化利用、无害化处理的农业废弃物量大、面广、乱堆乱放、随意焚烧给城乡生态环境造成了严重影响。

农业废弃物是一种放错位置的资源,含有大量有机质和氮、磷、钾等植物营养元素,可生化性良好,通过资源化处理,不仅能促进资源循环利用,同时也能减少环境污染[6]。因此,农业废弃物资源化利用不仅能够有效治理农业面源环境污染,还可以促进农业结构调整,助力农业可持续发展和农业供给侧结构性改革,对推动我国农业绿色发展,实施乡村振兴战略,保障美丽宜居乡村建设,美化农村生态景观,提升农民生活环境具有积极的促进作用。

1.2 农业废弃物资源化利用技术研究现状

1.2.1 国内外技术发展概况

农业废弃物资源化利用是指运用相关技术和装备,将农业生产过程中产生的有机废弃物加工成为可再次使用的资源,实现农业废弃物"变废为宝"的过程[7]。农业废弃物资源化利用技术是世界各国普遍需要解决的大课题。随着自然资源日趋短缺和废弃物数量剧增,农业废弃物资源化利用越来越受到世界各国的重视,国际上农业废弃物资源化利用方式呈现多样化,利用领域主要集中在能源化、肥料化和饲料化。

在农业废弃物能源化利用方面，美国、日本、法国和德国等发达国家广泛采取了厌氧发酵的方法来处理农业废弃物，印度、菲律宾和泰国等发展中国家采用自循环厌氧技术，结合沼气工程开展农业废弃物高效利用。在秸秆发电方面，以丹麦为代表，丹麦是世界上首先利用秸秆发电的国家，其秸秆发电技术在全球处于领先地位，目前已建立了130多家秸秆生物发电厂，秸秆发电等可再生能源占全国能源消费量的24%以上；在畜禽粪便能源化利用方面，德国最为突出，德国采用"沼气发电、余热生温、中高温发酵、气囊储气、自动控制、沼渣沼液施肥"的模式对粪便进行生物发酵处理，是目前欧洲乃至全世界沼气工程技术最发达的国家，其沼气发电量约占可再生能源总发电量的8%[8]；为减少对石油的依赖，1975年，巴西开始施行甘蔗渣大规模生产酒精燃料的计划，目前巴西汽车中添加的生物乙醇比例高达27%[9]。

在农业废弃物肥料化利用方面，发达国家主要通过堆肥和厌氧发酵将农业废弃物无害化处理，处理后直接用于农田和草地。美国从20世纪40年代开始研究覆盖免耕技术，现有70%的耕地实行农作物秸秆免耕覆盖种植，美国还通过氧化塘处理后还田，常用的堆肥方式包括条垛式堆肥、强通风静态堆肥、混合式堆肥和反应器堆肥，美国BIOTEC 2120高温堆肥系统，由10个大型旋转生物反应器组成，通过微生物发酵在72h内可处理1 300t的畜禽粪便或垃圾，使之转化为优质有机肥料；日本畜禽粪便堆肥化已实现工厂化，研制的卧式转筒式和立式多层式快速堆肥装置，具有占地少、发酵快、质地优等优点；韩国目前已形成养殖场和废物处理场一体化的流程，在养殖场首先对粪便进行分类，可直接利用的粪便以制取发酵有机肥料的形式回收，不能直接利用的粪便，经高温杀菌、统一收集和运输，进行层层分解、提炼和二次利用，其采用的槽式发酵和螺旋式搅拌在国际上属于较先进的粪便发酵技术[10]；荷兰养殖场普遍采用固液分离的方式，固体粪污晾晒或堆肥，液体部分进行密闭式长期储存后就近农场使用，储存过程中产生的沼气可收集使用，几乎实现全过程的封闭，臭气排放严格控制[11]。国外在堆肥发酵工艺、技术和设备方面已日趋完善，基本达到了规模化和产业化水平。

在农业废弃物饲料化利用方面，发达国家农作物秸秆饲料利用技术和设备已达到现代化水平，形成了提高农作物秸秆饲料营养成分、提高动物采食量、提高饲料转化率等技术体系，农作物秸秆饲料化生产设备达到全过程机械化作业和全过程电脑自动控制，实现连续化生产，农作物秸秆饲料质量稳定。德国的农作物秸秆颗粒饲料生产技术可以完全改变农作物秸秆基本结构，从而使动物的消化率提高30%~50%。英国Aston大学的研究者从农作物秸秆中筛选出一种白腐菌属真菌，它能降解木质素，但不能降解纤维素，用这种真菌发酵农作物秸秆，能最大限度地提高农作物秸秆的消化率，使农作物秸秆的消化率从9.63%提高到41.13%。西欧各国对农作物秸秆的利用情况较好，大约有20%的秸秆被用作饲料。

我国农业废弃物资源化利用也呈现多元化方向发展趋势，植物纤维废弃物的资源化利用主要采用废物还田、加工饲料、固化、炭化、气化、制造复合材料、化学品等技术；畜禽粪便的资源化利用主要采用肥料化技术、饲料化技术和能源化技术等。

在农业废弃物能源化利用方面，近年来，我国先后对禽畜粪便厌氧消化、农作物秸秆热解气化等技术进行了攻关研究和开发，已经取得了一定成绩。目前，农业废弃物能源化的方向有高效沼气和发电工程系统研究、组装式沼气发酵装置及配套设备和工艺技术研究、中热值秸秆气化装置和燃气净化技术研究、移动式秸秆干燥粮食工艺及成套设备研究、秸秆干发酵及其配套技术研究、秸秆直接燃烧供热系统技术研究、纤维素原料生产燃料乙醇技术研究、生物质热解液化制备燃料油、间接液化生产合成柴油和副产物综合利用技术研究、有机垃圾混合燃烧发电技术、城市垃圾填埋场沼气发电技术、"四位一体"模式和"能源—环境工程"技术农业生态综合利用模式研究等[12]。

在农业废弃物肥料化利用现状方面，我国以秸秆还田为主，秸秆还田方式主要包括堆沤还田、秸秆机械化还田和运用生化快速腐熟技术来生产有机肥施于田间等，但我国农田秸秆直接还田比例只有30%~40%，不及发达国家秸秆还田60%~70%的比例，而且大规模秸秆还田的农机技术尚不成熟。好氧堆肥是我国传统的提高土壤肥力的重要方式，也是农村有机废弃物肥料化利用的最常用途径之一。随着技术的发展，废弃物堆肥已经由传统的小型化、随意堆沤方式向规模化、设备化方向发展。近年来，随着我国环境保护力度的加大，堆肥场地、过程等均有严格的环保要求，堆肥化过程已朝着智能化、环保化、标准化方向发展。

在农业废弃资源饲料化利用方面，我国主要技术有通过微生物处理转化将秸秆、木屑等植物废弃物加工变为微生物蛋白产品的技术，通过发酵对青绿秸秆处理的青贮饲料化技术，通过对秸秆氨化处理，改善原料适口性和营养价值的氨化技术。

此外，原料化也是农业废弃物利用的一个重要途径，其关键在于依靠科技开发最大程度地利用农业废弃物中的有益物质，是未来农业废弃物利用的一个重要方向。国内外也开展了农业废弃物原料化应用的相关研究，主要研究方向包括利用农业废弃物中的高纤维性植物废弃物生产纸板、人造纤维板、轻质建材板等材料，通过固化、炭化技术制成活性炭材料，利用稻壳作为生产白炭黑、碳化硅陶瓷、氮化硅陶瓷的原料；利用秸秆、稻壳经炭化后生产钢铁冶金行业金属液面的新型保温材料，利用甘蔗渣、玉米渣等制取膳食纤维产品，利用棉秆皮、棉铃壳等含有酚式羟基化学成分制成吸收重金属的聚合阳离子交换树脂等。

1.2.2 主要技术概述

1.2.2.1 肥料化利用技术

农业废弃物肥料化利用是指将秸秆和畜禽粪便等废弃物直接或间接还田，转化为可供植物吸收利用的肥料资源。农业废弃物肥料化利用方式主要包括直接还田和间接还田。直接还田主要是通过土壤微生物的作用，使废弃物中的养分被释放，供植物吸收利用。秸秆直接还田技术主要通过农业机械将收获后秸秆粉碎并抛撒在田间后耕翻掩埋，或粉碎整株及高留茬直接覆盖于土壤[13]。间接还田是指对废弃物进行烧灰、过腹、发酵等一系列加工处理后再还田[14]。目前，农业废弃物肥料化以直接还田为主，即将农作物秸秆等直接退还土壤,在补充土壤有机质的同时,还能丰富土壤的微量元素,提高土壤活力,但应用价值较低。

堆肥技术即利用微生物在一定温度、湿度、pH 值的条件下,使畜禽粪便和秸秆等农业有机废弃物发生生物化学降解,形成一种类似腐殖质土壤的物质,用作肥料和改良土壤的方法。根据处理过程中微生物对 O_2 需求的不同,包括好氧堆肥和厌氧堆肥[15]。好氧堆肥是指在一定的湿度、温度等可控条件下,有机物被好氧微生物分解,病原体被杀灭,进而形成稳定的腐殖类物质,也称为高温堆肥,是无害化有机肥料的一种生产方式,产品可用于生产商业有机肥、复合肥、土壤改良剂。其中,发酵工程是好氧堆肥的核心工程。通过好氧堆肥处理秸秆、畜禽粪污等农业废弃物,结合先进工艺技术手段,能够有效提升农业废弃物肥料化利用价值[16]。好氧堆肥是当前畜牧业畜禽粪便资源化利用的有效途径,在未来畜牧业废污处理方面具有巨大应用前景,是目前研究开发处理粪便的热点[17]。厌氧堆肥技术利用厌氧或者兼性微生物以粪便原料中的原糖和氨基酸为养料生长繁殖的特性进行乳酸发酵、乙醇发酵或沼气发酵。

秸秆生物反应堆技术是指秸秆在微生物菌种、净化剂的作用下,定向转化成植物生长所需的 CO_2、热量、抗病孢子、酶、有机养料和无机养料,进而实现作物高产、优质和有机生产。该技术获得联合国粮食及农业组织 27 届农业科技成果评奖大会最高奖,目前已在我国 28 个省(自治区、直辖市)推广应用[18]。

商品有机肥是以畜禽粪便、秸秆等废弃物为主要原料,通过添加促进发酵的微生物菌剂,经过工厂化发酵腐熟、造粒等一系列工艺后制成商品有机肥。商品有机肥生产主要技术工艺包括原料预处理、混配(添加微生物菌剂)、一次发酵、二次发酵、造粒、烘干、包装等环节。

生物有机肥技术是将有益微生物与有机肥协调结合形成的一种新型、高效的微生物有机肥料。原料包括畜禽粪便、秸秆、农产品加工废弃物等,其生产工艺包括原料前处理、接种微生物、发酵、干燥等,富含有益微生物菌群、各种养分,营养功能强,适应性好,且体积小,便于施用,适合规模化生产。生物有机肥能够提高肥料利用率,改善土壤肥力,增加农作物产量,具有很好的经济效益和社会生态价值[19]。

1.2.2.2 能源化利用技术

目前,农业废弃物能源化利用主要包括发酵和热解两个方向,包括农业废弃物制沼气、农业废弃物气化、农业废弃物液化和农业废弃物固化[20]。

(1)农业废弃物制沼气 即以秸秆、畜禽粪便等有机废弃物为原料,经厌氧发酵产生以甲烷为主要成分的沼气。秸秆发酵制沼技术是多种微生物在厌氧条件下,将秸秆降解成沼气,并副产沼液和沼渣的过程。沼气含有 50%~70% 的甲烷,是高品质清洁燃料,可以加工成动力燃料和甲醇等。畜禽养殖废弃物资源化利用的重要手段之一是沼气处理技术,畜禽场沼气工程是指以畜禽粪便为主要原料的厌氧消化,制取沼气,治理污染的全套工程设施。

沼气工程的发展始于 20 世纪 70 年代末期,截至目前已有近 30 年的历史。从沼气工程的技术发展历程来看,大致包括 3 个阶段:第一阶段(70 年代末期至 80 年代中期），该阶段所发展的畜禽场沼气工程目的是得到沼气能源，以缓解当时农村地区能源供应不足；第二阶段（80年代中期至90年代初期），期间针对大中型沼气工程存在的问题开展了发酵工艺、建池技术、配套设备等多方面研究；第三阶段（90年代初至今），这阶段的重点是强调环境效益、增加经济效益，通过高质量的设计、建造和优质配套设备来实现沼气工程的综合效益[21]。

推广沼气处理技术，农作物秸秆、瓜果蔬菜残体及畜禽粪便都是制备沼气的原料，发酵产生的沼气用于燃料，沼渣、沼液是优质肥料，沼液可作为畜禽饲料添加剂，不但保护环境，而且提高了经济效益。总体来说，我国沼气无论是装置的种类、数量，还是技术水平，在世界上都名列前茅。目前，主要发展厌氧技术，处理畜禽粪便和高浓度有机废水，建设大中型沼气工程处理畜禽粪便的应用示范工程，并且采用新的自循环厌氧技术。

（2）农业废弃物气化　是指碳物质在有效供氧条件下产生可燃气体的热化学转化，气化后的可燃气体可作为燃料，可作为管道气供气，也可用于气化发电。生物质气化技术即利用气化原理将植物废弃物在有限供氧条件下转化为可燃气体的技术。采用气化技术进行植物废弃物再利用不仅具有较高的利用效率，而且所产出的能源级别也较高，将是未来农业废弃物资源化利用的一个重要发展方向[22]。秸秆热解气化技术即秸秆转化为气体燃料的热化学过程，是近年来发展的一项较新的秸秆利用技术，秸秆热解气化得到的可燃气体既可以直接作为燃料供热，也可以经过净化处理后为燃气用户集中供气，或者驱动发电机发电[23]。

（3）农业废弃物液化　是指可将能量密度较低的废弃物转换成高密度高效率的液体生物燃料（如生物酒精、生物甲醇、生物柴油等）。秸秆液化技术是通过物理、化学或生物方法，使秸秆的木质素、纤维素等转化为醇类、可燃性油或其他化工原料。目前有3种形式：直接液化、高温高压液化和微波液化[24]。

（4）农业废弃物固化　是指将农业废弃物通过机械加压、加热的原理压制成具有一定性状、密度较高的固体燃料[25]。生物质成型（固体）燃料技术是农业废弃物能源化的另一个重点发展方向。植物源农业废弃物主要由纤维素、半纤维素、木质素组成，软化后的木质素可以作为内部黏合剂，将颗粒内部的纤维素和半纤维素及相邻颗粒紧密结合，冷却固化后即可形成形状统一且具有一定紧实度的固体成型燃料。生物质固体燃料是继煤炭、石油、天然气之后的第四大能源，是未来一个重点发展方向。秸秆炭是利用新技术经秸秆固炭成型机将各种农作物秸秆、木屑、玉米芯、稻草等压缩成型的现代化清洁燃料，秸秆炭可以代替原煤、液化气等，广泛用于生活炉灶、热水锅炉、工业锅炉、生物质电厂等[26]。

1.2.2.3　原料化利用技术

农业废弃物原料化利用是指把农业废弃物作为生产工业产品的原材料。植物源农业废弃物中丰富的纤维性组分和高蛋白资源，可以作为原料生产人造纤维板材、造纸、发泡缓冲材料、纳米纤维素等。将木质纤维类农业废弃物中的纤维素、半纤维素分别进行分离、提取、纯化，利用改性技术将其功能化，获得吸水树脂、重金属吸附剂等高附加值产品，分离纯化的纤维素通过一定的物理化学处理后可以获得纳米纤维素，纳米纤维素可以用于分散剂、增强剂，纳米薄膜还可以用于制备储能材料，具有广阔的应用前景[27]。目前，秸秆的原料化利用仍以造纸为主，少部分用于生产建筑和人造板产品。

此外，农业废弃物的原料化利用方向还包括热解工艺制备生物炭。生物炭是植物源农业废弃物在低氧或缺氧的情况下，经过高温热裂解后形成的一类具有高度芳香结构化的固体多孔炭质材料，具有良好的吸附能力、离子交换能力、抗氧化性能和抗微生物分解性能，可作为环境修复、土壤改良的一种新兴材料。

1.2.2.4 饲料化利用技术

农业废弃物饲料化利用是指把农业废弃物经过一系列加工制成动物饲料。农业废弃物的饲料化应用包括植物纤维性废弃物的饲料化和动物性废弃物的饲料化。农作物秸秆等植物性纤维废弃物可以直接作为饲料，主要技术包括微贮法、氨化法、青贮法和热喷法等。动物性废弃物饲料化需经热喷、发酵、干燥等方法处理后才能掺入动物饲料中加以利用。

青贮、微贮、氨化是秸秆、稻草、经济作物尾叶等植物性农业废弃物常见的饲料化技术，以作物秸秆、稻草、经济作物尾叶等植物源农业废弃物为原料，通过青贮、微贮、氨化等工艺将其初步降解，可以形成饲料产品，并且作物秸秆也可以粉碎成草糠，用作动物辅助饲料。

氨化技术即在秸秆中加入一定比例的氨水、液氨、尿素等，使纤维素部分分解，结构疏松，从而提高秸秆消化率、营养价值和适口性的一种化学处理方法。目前，氨化处理作物秸秆应用范围广泛。

青贮技术即利用自然的乳酸菌在厌氧条件下对青绿秸秆进行发酵处理，将原料中的碳水化合物变成乳酸等有机酸，增加青贮料的酸度，以厌氧的青贮环境一直抑制霉菌活动，保障青贮料的保存，通过青贮处理可以使原来粗硬的秸秆变软熟化，增加原料的营养价值和可消化率。微贮技术即借助以乳酸菌为主的微生物作用，是秸秆在厌氧状态下发酵，既可抑制各种微生物生长，又可促进秸秆中的可溶性碳水化合物产生醇香味，提高饲料适口性，该技术需要添加微生物添加剂[28]。青贮和微贮技术都是在厌氧条件下，利用微生物生长代谢，将秸秆、蔗渣等农业废弃物初步降解，形成可较长时间保存、牲畜喜食易消化的饲料产品。青贮、微贮一般流程[29]为：

切断粉碎→入窖（微贮投加菌剂）→压实→封窖→发酵→出窖

热喷法即农业废弃物经蒸汽处理后，进行增压、突然减压、热喷处理。原料受到热效应和喷放机械效应作用后，改变了结构，提高消化率[30]。

1.2.2.5 基料化利用技术

农业废弃物基料化利用是指将农业废弃物经过微生物技术加工成能够为动物、植物及微生物生长提供良好条件的有机固体养料。

目前，农作物秸秆基料化应用主要有食用菌基料、育苗基料、花木基料和草坪基料等，以食用菌基料为主[31]。

1.3 农业废弃物资源化利用产业发展现状

1.3.1 产业发展概述

1.3.1.1 秸秆资源化利用

以欧美发达国家为代表的发达国家秸秆利用技术比较成熟[32]。欧美发达国家的秸秆实际有效利用结构较为简单,从多国的利用途径可看出,其基本的利用框架结构为"三化"利用,即秸秆还田肥料化利用、秸秆饲料化利用和秸秆能源化利用,其中,秸秆直接还田利用约占65%,秸秆饲料化利用约占20%,秸秆能源化利用等其他应用约占20%。秸秆还田率较高的国家是英国,其还田量占秸秆总产量的73%,美国为68%。秸秆饲料化率较高的国家是韩国,其稻麦秸秆饲料化率高达80%[33]。国外在生活领域大量使用生物质固体燃料,例如,欧洲各国几乎100%采用颗粒燃料供热[34],在秸秆发电方面以丹麦为代表,其秸秆发电等可再生能源已占丹麦能源消费量的24%以上[35]。

我国是农业大国,每年产生的农作物秸秆超过9亿吨,为减少农作物直接焚烧造成的环境污染和资源浪费,国家早在2008年就发布了《关于加快推进农作物秸秆综合利用的意见》(国办发〔2008〕105号),提出加快解决由于秸秆废弃和违规焚烧带来的资源浪费和环境污染问题,力争到2015年,基本建立秸秆收集体系,形成布局合理、多元利用的秸秆综合利用产业化格局,秸秆综合利用率超过80%[36]。2017年,我国秸秆资源化利用率达到83.68%,其中,肥料化利用56.53%、饲料化利用23.24%、燃料化利用15.19%、基料化利用2.32%、原料化利用2.72%[37],而肥料化利用亦以秸秆还田为主要途径,其中,上海市还田率较高,达82%,河北省秸秆肥料化利用率达69.8%[38]。

尽管如此,我国仍然每年有近2亿吨的农作物秸秆被就地焚烧,造成极大的资源浪费和环境污染。此外,由于技术、资金等因素限制,我国秸秆资源化利用单一且效率较低。为进一步加快农业物秸秆的资源化利用,"十三五"以来,国家发布了多项政策对秸秆综合利用进行规划与支持。例如,2018年10月,农业农村部在"东北地区秸秆处理行动现场交流暨成果展示会"提出,到2020年,全国秸秆综合利用率达到85%以上;东北地区秸秆综合利用率达到80%以上,50%重点县市秸秆综合利用率稳定在90%以上,露天焚烧现象显著减少;力争到2030年,全国建立完善的秸秆收储运用体系,形成布局合理、多元利用的秸秆综合利用产业化格局,基本实现全量利用[39]。

1.3.1.2 畜禽粪便资源化利用

国内外畜禽粪便资源化利用最主要的途径就是肥料化利用,但在养殖模式上国内外有一定差异。发达国家畜禽养殖的一个基本原则是以土地消纳能力来确定养殖规模,故提出了"农牧结合"和"承载限量"养殖模式。畜禽粪便利用的框架结构为"两化"利用,即肥料化和能源化利用,其中以肥料化利用为主,能源化利用为辅。

畜禽粪便肥料化利用方面，以美国较为突出。美国几乎所有的养殖场都实现了零排放，集约化养殖场几乎全部选择粪肥直接还田，美国东南部常用的猪粪处理技术，主要是通过氧化塘处理后还田，最常用的堆肥方式是条垛式堆肥，占53%，其次为强通风静态堆肥，占25%，混合式堆肥占14%，反应器堆肥占5%[40]。美国将生猪产业布局在中西部玉米种植带，大型圈养的猪粪便可施用于邻近的农作物农场，实现动物粪便全量还田的种养结合模式。新的和不断扩大的圈养奶牛农场正在利用这种模式，乳制品生产商专注于管理奶牛的运营，同时与邻近的农作物农场签订合同，消纳奶牛养殖产生的粪污并为其提供充足的优质饲料[41]。

在畜禽粪便能源化利用方面，以德国最为突出。德国的畜禽废弃物处理利用以通过沼气发酵农田利用为主，畜禽粪便在不能还田的时间内全部贮存在贮存设施内6个月[42]。德国采用"沼气发电、余热生温、中高温发酵、气囊储气、自动控制、沼渣沼液施肥"的模式对粪便进行生物发酵处理，是目前欧洲乃至全世界沼气工程技术最发达的国家，其沼气发电量约占可再生能源总发电量的8%，其中，沼气总发电量的92%被污水处理厂消耗，其余8%输入至公共电网[43]。

从《中国畜牧业年鉴》（2018）可以看出，2017年，我国大牲畜、猪、羊年底存栏量在11亿头以上[44]，年产生畜禽粪污量为38亿吨，综合利用率不足60%。

1.3.2 产业发展政策

1.3.2.1 美国

欧美等发达国家极其重视法律的规范性，制定了详细、严格的法律体系为种养结合农业系统的发展提供可靠的保障[45]。美国养殖业的工厂化、专业化、规模化程度都很高，由于美国政府及公众的环境保护意识都很强，所以十分重视在养殖业中实行严格的反污染措施，并在养殖业污染防治方面积累了一些成功的经验。

美国从国家和州两个层次上对畜禽粪便进行养分管理，在各环节制定了完善的法律法规，主要通过严格细致的立法来防治养殖业污染。规模化养殖场利用和排放畜禽废弃物必须申请并取得许可，必须制定养分管理计划，并定期对土壤进行监测，确保农田能够承受养殖场排放的粪便量。为了便于管理，美国通过立法将养殖业划分点源性污染和非点源性污染分类管理，专门设有非点源性污染的管理部门，点源性污染的防治是经过收集和处理技术使污染物达到国家污染物排放许可。美国在1977年的《清洁水法案》里将工厂化养殖业与工业和城市设施一样视为点源性污染，排放必须达到国家污染减排系统许可，明确规定超过一定规模的畜禽养殖场建场必须报批，获得环境许可，并严格执行国家环境政策法案。美国的非点源性污染主要是通过采取国家、州和民间社团制定的污染防治计划、示范项目、推广良好的生产实践、生产者的教育和培训等综合措施，科学合理地利用养殖业废弃物。此外，美国1987年修改的《清洁水法》还对非点源性污染进行了规定，制定了非点源性污染防治规划。

1999年，为确保规模化养殖场畜禽废弃物与种植业农场所需肥料的平衡，减少畜禽废物对环境造成的负面影响，美国国家环境保护局和农业部共同发布了畜禽养殖场治理的统一国家战略，首次要求规模化养殖场实施综合养分管理计划[46]，陆续颁布了《清洁水法案》和"590"营养管理保存标准等农业法规[47]，形成了以综合养分管理计划为核心的政策体系。其核心是促进种植业和养殖业的养分循环发展，通过严格的养分管理计划，实现畜禽废物的资源化利用和农业生产资源的内部化管理。

综合养分管理计划的内容主要有：①严格掌控畜禽生长过程中的营养需求，合理控制饲料成分的比例，从饲料源头环节控制畜牧业污染。②建立完善的粪污收集、储存、处理和运输设施设备。③制定粪污还田计划，根据种养的品种、规模，确定施肥方式和施肥时间，防止因施肥带来的环境问题。④通过作物轮作、免耕和保护性覆盖作物等土地管理措施提高土壤质量，确保粪污还田后不会产生二次污染。⑤要求规模化养殖场的养分还田计划记录至少保持5年，以供相关监察机构核查。⑥当农田土壤的承载力有限、无法吸纳畜禽粪污时，可制成有机肥颗粒出售，提高经济效益，或者进入沼气池，进行厌氧发酵，提供生物质动能。美国通过实施综合养分管理计划，促进养殖业畜禽粪污全量还田，降低粪污处理成本，提高土壤肥力，保障农产品质量安全。

除了立法管理以外，美国还十分注重通过农牧结合来化解养殖业的污染问题。美国是世界上最早提出有机农业概念的国家，专门针对有机农业生产者制定了农业扶持政策，如《有机农业法规》《农业改革、食品与就业法案》，逐年增加对有机农业生产者的补贴，建立种养结合、农牧循环的立体农业生产体系。美国的大部分大型农场都是农牧结合型的，从种植制度安排到生产、销售等各个方面都十分重视种植业与养殖业的紧密联系，而且是养殖业规模决定着种植业结构的调整，养殖业与种植业之间在饲草、饲料、肥料3个物质经济体系形成相互促进、相互协调的关系，养殖场的动物粪便或通过输送管道或直接干燥固化成有机肥归还农田，既防止环境污染又提高了土壤的肥力。

1.3.2.2 欧盟

欧洲各国从20世纪80年代开始立法支持有机农业的发展，如奥地利的《奥地利食品法典》和丹麦的《有机农业法》。1991年，《欧盟有机农业法案》成为欧盟各国有机农业发展的共同标准[48]。欧盟共同农业政策自实施以来，一直作为欧盟国家农业发展的基本政策，并根据时代发展的需要，对其进行改革和创新，致力于农业农村的可持续发展。欧盟共同农业政策制定了种植规模决定养殖规模的原则，限制大规模的畜禽养殖，但欧盟国家会对因保护环境而降低单位面积载畜量的生产者进行额外补贴。为保证有足够的土地吸纳畜禽粪污，养殖农场可以通过购买、租用农田或者与种植业农场签订粪污排放合同，以此来适度扩大养殖规模。同时，根据农场的耕作面积安装粪便处理设备，通过减少载畜量、选择适当的作物品种、减少无机肥料的使用、合理施肥等农业技术减小对环境造成的负面影响。

欧盟各国政府制定了多层次的有机农业补贴标准扶持有机农业的发展，对有机农业的补贴刺激了生产者的生产积极性，促使欧洲农业向有机方向发展。欧盟的有机农业法规中关于有机生产的第2092/91号规章，要求欧盟国家在有机农业生产过程中主要依靠内部农场资源，饲料必须是有机生产，最好是来自农场内部，不要求牲畜达到最高产量，但必须是最高质量，且要满足牲畜各阶段的营养需求。

丹麦养猪业发达，畜禽粪污排放量大，为防止地下水源污染，除严格执行欧盟出台的法律法规外，根据本国具体情况，在种养平衡和按需施肥的"和谐原则"下，制定了"NPO计划"、《水环境行动方案》《流域管理计划 RBMPs》以及粪污管理和利用等方面的法律法规，涵盖养殖和加工的各个环节，以严格的法律法规促进粪污资源化利用[49]。丹麦为了减少畜禽粪便污染，也规定了每公顷土地可容纳的粪便量，确定畜禽最高密度指标，并规定施入裸露土地上的粪肥必须在施用后12小时内犁入土壤中，在冻土或被雪覆盖的土地上不得施用粪便，每个农场的储粪能力要达到储纳9个月的产粪量。丹麦大多数农场采用种养结合农业系统，并且规定养殖存栏量达到500个畜禽单位时，需要进行养殖环保评估，以此防止养殖规模过大，畜禽废弃物对环境造成污染[50]。

德国是较早发展循环经济、实行种养结合的国家，德国农场规模在30公顷以下的农场占总数的65%，规定畜禽粪便不经处理不得排入地下水源或地面，并且规定每公顷的畜禽饲养量，凡是与供应城市或公用饮水有关的区域，每公顷土地上家畜的最大允许饲养量不得超过规定数量：即牛3～9头、马3～9匹、羊18只、猪9～15头、鸡1 900～3 000只、鸭450只[51]。

英国的畜牧生产远离大城市，与种植业生产紧密结合。经过处理后，畜禽粪便全部作为肥料，既避免了环境污染，又提高了土壤肥力。英国的草地占国土面积的70%，为保护草地资源的可持续发展，防止畜禽粪污对水源造成污染，实行划区轮牧和以草定畜，规定每公顷饲养牛不超过2头，羊不超过8只[52]。为了让畜禽粪便与土地的消化能力相适应，英国限制建立大型畜牧场，规定1个畜牧场最高头数限制指标为奶牛200头、肉牛1 000头、种猪500头、肥猪3 000头、绵羊1 000只和蛋鸡7 000只。

荷兰为了防止畜禽粪便污染，1971年立法规定直接将粪便排到地表水中为非法行为。从1984年起，荷兰不再允许养殖户扩大经营规模，并通过立法规定每公顷2.5个畜单位，超过该指标农场主必须交纳粪便费。近年的立法正根据土壤类型和作物情况，逐步规定畜禽粪便每公顷施入土地中的量。目前，荷兰的大中型农场分散在全国13.7万个家庭，产生的畜禽粪便基本由农场进行消化。

1.3.2.3 日本

20世纪70年代，日本养殖业造成的环境污染十分严重，此后日本便制定了《废弃物处理与消除法》《防止水污染法》和《恶臭防止法》等7部法律，对畜禽污染防治和管理做了明确的规定[53]。《废弃物处理与消除法》规定，在城镇等人口密集地区畜禽粪便必须经过处理，处理方法有发酵法、干燥、或焚烧法、化学处理法、设施处理法等。《防止水污染法》则规定了畜禽场的污水排放标准，即畜禽场养殖规模达到一定的程度（养猪超过2 000头、养牛超过800头、养马超过2 000匹）时，排出的污水必须经过处理，并符合规定要求。《恶臭防止法》中规定，畜禽粪便产生的腐臭气中8种污染物的浓度不得超过工业废气浓度。

为防治养殖业污染，日本政府还实行了鼓励养殖企业保护环境的政策，即养殖场环保处理设施建设费50%来自国家财政补贴，25%来自都道府县，农户仅支付25%的建设费和运行费用。

1.3.2.4 加拿大

加拿大也主要通过立法进行畜禽养殖业的污染防治和管理。加拿大各省都制定了畜禽养殖业环境管理的技术规范，畜禽养殖场必须按畜禽养殖业技术规范的要求对养殖场的环境进行管理。畜禽养殖业环境管理技术规范对畜禽养殖场的选址及建设、畜禽粪便的储存与土地使用进行了严格细致的规定。例如，新建的畜禽养殖场距邻近建筑的最小间隔距离必须达到要求。拟建或扩建畜禽养殖场，农场主必须向市政主管部门提出申请，由主管部门根据建设规模和养殖场周围的环境状况，确定最小间隔距离，审核是否符合最小间隔距离。如果符合最小间隔距离，农场主还必须制定营养管理计划，其内容主要包括畜禽养殖场对畜禽粪便的储存、使用所采取措施的计划。

加拿大要求养殖场必须有充足的土地以使畜禽粪便在规定的面积范围内消化，并要求在一定的土地范围内使用完，如果本农场没有充足的土地消化产生的粪便，必须与其他农场签订使用畜禽粪便合同，以确保产生的粪便能得到全部使用。农场主编制的营养管理计划需提交市政主管部门或由第三方进行评审，如果营养管理计划符合规定要求，将同意建设或扩建畜禽养殖场，发放生产许可证。由于加拿大对养殖业污染的治理以畜禽粪便的土地消化利用为主，禁止将畜禽养殖场污水排放到河流中，所以无需花费大量的资金投入到污水处理。

加拿大的畜禽养殖业环境管理的技术规范对畜禽养殖场的污染技术指导极为重要，如果畜禽养殖场违反规范要求造成环境污染事故，将由地方环境保护部门依据《联邦渔业法》及本省的有关法规（如安大略省《环境保护法》《水资源法》）的有关条款对产生的污染事故进行处罚。

1.3.2.5 中国

我国高度重视农业废弃物资源化利用工作，从中央政府层面先后出台了延续性的相关政策。"十三五"规划[54]、2016年以来的中央1号文件[55-59]、《中共中央国务院关于加快推进生态文明建设的意见》[60]以及《国务院办公厅关于加快转变农业发展方式的意见》[61]都作出明确部署，提出了推进农业废弃物资源化利用的宏观规划。

为了进一步促进农业废弃物高效化、无害化和资源化利用，国家相继出台了一系列推进农业废弃物资源化利用的相关举措和办法（详见附表1）。2015年，农业部、国家发展改革委、科技部等八部委联合发布了《全国农业可持续发展规划（2015—2030年）》，指出要在农业废弃物资源化利用等方面推动协同攻关，组织实施好相关重大科技项目和重大工程，创新农业科研组织方式，进一步整合科研院所、高校、企业的资源和力量[62]。2016年，农业部、国家发展和改革委员会、财政部等六部委联合制定了《关于推进农业废弃物资源化利用试点的方案》，进一步细化了畜禽粪污、病死畜禽、农作物秸秆、废旧农膜及废弃农药包装物等五类农业废弃物的资源化利用，提出要探索构建其资源化利用的有效治理模式和利用路径，集成现有零散的利用技术，制定针对性技术解决方案，探索多元组合型资源化利用方式，提高综合利用效益[63]。2017年，国务院办公厅发布了《关于加快推进畜禽养殖废弃物资源化利用的意见》，从总体要求、建立健全畜禽养殖废弃物资源化利用制度和保障措施3个方面提出了加快推进畜禽养殖废弃物资源化利用，构建种养结合、农牧循环的可持续发展新格局的指导意见[64]。2018年，《乡村振兴战略规划（2018—2022年）》提出推进农业结构调整，大力发展种养结合循环农业，促进废弃物资源就近利用[65]；同年，《农业农村污染治理攻坚战行动计划》提出，着力解决养殖业污染，加强畜禽粪污资源化利用技术集成，有效防控种植业污染，加强秸秆、农膜废弃物资源化利用，系统推进农业投入品减量化、生产清洁化、废弃物资源化、产业模式生态化[66]。

1.3.3 农业废弃物资源化利用模式

农业废弃物资源化利用的模式主要是肥料化、能源化和饲料化（主要是秸秆类），而其他利用模式所占比重较小[67]。其中，肥料化利用是农业废弃物资源化利用的最主要方式，其中，又以秸秆机械化还田和畜禽粪便制作有机肥为重要途径，是确保农业废弃物资源化利用的基本保障。其次，能源化或饲料化利用是辅助保障。粪便的能源化或秸秆的饲料化利用是农业废弃物资源化利用的第二大途径，是除肥料化利用之外的最主要利用方式，是农业废弃物全量化利用的辅助保障。原料化等其他利用方式是补充保障。

肥料化是农业废弃物资源化利用的"媒介"。无论采用哪种农业废弃物资源化利用模式，均是直接或间接地通过肥料化，使农业废弃物重新回归到农业生产循环系统中。肥料化是农业废弃物循环利用的根本归宿，直接或间接肥料化的农业废弃物占农业废弃物总量的90%左右。基于此，总结出以下4种利用模式。

1.3.3.1 以肥料化为纽带的利用模式

主要是将种植业产生秸秆和畜禽养殖业产生的粪便，直接转化为肥料连接上下生产环节，使农业生产产生废弃物通过直接还田或制作有机肥还田，实现农业废弃物的循环利用。

1.3.3.2 以能源化为纽带的利用模式

主要是通过农业生产产生的废弃物厌氧发酵生产沼气，沼气用于生活能源或发电，产生的沼渣和沼液用作农业生产的肥料，重新回归农业生产系统，实现农业废弃物的循环利用。

1.3.3.3 以饲料化为纽带的利用模式

主要是通过种植业秸秆的饲料化，进行畜禽养殖，养殖产生的粪便用于农业生产肥料，实现农业废弃物的循环利用。

1.3.3.4 以基料化等为纽带的利用模式

主要是通过农业产生废弃物的基料化，进行蔬菜、花卉、食用菌等的种植或种苗的繁育，使其直接或间接（培养基肥料化）回归于农业生产系统，实现农业废弃物的循环利用。

1.3.4 农业废弃物资源化利用典型发展模式

1.3.4.1 "种植—养殖—加工—沼气"四位一体的循环模式

"种植业—养殖业—加工业—沼气制作"相互结合、相互利用、相互循环，用种植业生产的主产品及产生的副产品糠皮、谷壳、秧蔓、秸秆发展畜牧业，畜牧业产生的粪便返还农田发展种植业[68]，再把种植业和养殖业的农畜产品进行加工产生的废弃物、畜禽粪便、农作物秸秆作为制作沼气的原料，制成后的沼气用于农民烧饭、照明，用沼气渣、沼液做农家肥，用于种粮、种菜，既解决了化学残留，又提高了农作物的产量和质量，实现了"种植—养殖—畜禽粪便制沼气—沼气供农家燃料—沼渣沼液做农肥"的生态农业循环模式。

1.3.4.2 "种植—养殖—加工—销售"一体化开发模式

生态农业"种—养—加—销"一体化开发模式，是在生态农业发展过程中实现种植、养殖、加工、销售系统有机循环开发，彼此相互联系、相互利用、相互转化构成了一个系统整体。即在农田种植农作物，农作物为发展猪、牛、羊、鸡等畜牧业提供饲料；玉米、高粱、谷子等农作物的秸秆、畜牧业发展的猪、牛、羊、鸡产生的粪便和污水经过处理制作成沼气，利用沼气提供能源，供农民家庭使用，剩余的废弃物经无害化处理后返回到农田。利用种养业生产的农产品作原料，发展加工业，生产营养面粉、豆制品、肉食品、净菜等产品；利用加工农产品的副料，如豆腐渣、麦麸等作饲料，用来循环发展畜牧业。经过加工的农产品进入市场销售，获得的收入又为农业生产提供资金支持。这样循环往复构成了一个生态农业发展的生物链、物质和能量循环链，实现资源循环利用、生态良性循环、农业可持续发展。

1.3.4.3 "畜禽粪便—沼气—沼渣与沼液—无害化处理—有机肥料"物质转化模式

"畜禽粪便—沼气—沼渣与沼液—无害化处理—有机肥料"的物质转化系统模式，将畜禽粪便制作沼气，禽畜粪便经过沼气池消化分解，发酵后的沼渣、沼液作为有机肥料，为种植业（生态农业）提供宝贵的有机肥料，有利于生态农业的发展。同时，沼气作为燃料提供给养殖场生产使用，或用于农户做饭燃料和照明，不仅节省了能源、减少了污染，还有利于生态环境保护。在大规模禽畜养殖场，可兴建禽畜有机肥生产厂。采用厌氧发酵、快速烘干、微波、膨化、充氧动态发酵等方法生产容易保存、运输、出售的有机肥，成为发展生态农业最好肥料，避免粪便对环境的污染，创造可观的经济效益和良好的生态效益。上述方法可实现畜禽粪便污水"零排放"和资源化利用，从根本上解决禽畜粪便污染问题，改善生态环境，实现增效的目标。

1.3.4.4 其他典型模式

（1）京津冀"畜禽养殖废弃物利用科技联合行动"模式 京津冀地区依托科技优势和区位优势，在国家农业废弃物循环利用创新联盟工作框架下，以创新畜禽粪污资源化关键技术、探索不同规模养殖废弃物处理模式和持续运行机制为重点，开展了

"畜禽养殖废弃物利用科技联合行动"[69]。该行动于2017年4月在河北省石家庄市启动，经过近几年的关键技术创新、集成应用和模式凝炼，探索出了一系列可配套、可持续运行的模式，推动示范企业养殖废弃物利用率达75%以上，为养殖废弃物综合利用提供了良好示范，有力推动了京津冀畜禽废弃物资源化利用和农业面源污染的防治。

（2）安徽秸秆资源利用环保模式　2017年，安徽省政府出台大力发展以农作物秸秆资源利用为基础的现代环保产业的实施意见，以秸秆资源综合利用市场化、产业化为主线，大力构建还田利用、收储运销、产业增值、政策扶持四大支撑体系，连续3年成功举办秸秆综合利用产业博览会，引进一大批国内外先进技术、龙头企业和重点项目，秸秆综合利用新产业、新业态蓬勃发展[70]。目前，全省秸秆产业化利用企业2 363家，每年利用量在1 000吨以上的企业达到600多家，秸秆电厂装机量居全国第二位。3届秸秆产业博览会签约项目323个，总金额超823亿元。这些全新的产业项目正在陆续加快落地，对秸秆综合利用发挥了重要的引领示范和带动作用。阜南县建设了专业的秸秆产业园区，截至目前已经有4家龙头企业入驻，年消纳秸秆38万吨，占全县秸秆收集量的35%。一批重点企业通过技术攻关，已经进入利用秸秆制造工业糖浆等化工产品的深度高效利用阶段。

目前，安徽省正在推进秸秆产业博览会的149个签约项目加快落地，以项目建设促进产业化发展。到2020年，全省将培育秸秆产业化利用规模企业800家左右，建设10个以上产业示范园区，综合产值年均增长20%以上，培育畜禽养殖废弃物资源化利用企业4 000家，综合产值年均增长15%以上。

1.3.5 农业废弃物资源化利用存在的问题

1.3.5.1 资源化利用障碍因素多，制约产业发展

（1）产出具有周期性　农业废弃物产生具有一定周期，尤其是农作物秸秆，其生产具有季节性，一年只产出1~2季，对资源化利用提出了巨大挑战。如何做到常年有序地提供秸秆原料，成为农作物秸秆综合利用首要破解的难题。

（2）储存具有困难性　农业废弃物产出具有周期性，如何储存是实现综合利用的基础。秸秆具有质地蓬松、密度低、体积大等特点，给储存造成极大的困难。随着养殖规模扩大，产生的粪污量增加，肥料化利用又具有一定的季节性，这就必然要求配备一定规模的粪污贮存设施，不仅占地面积大，而且要达到环保要求，投入较高。

1.3.5.2 资源化利用技术不成熟，高值化利用竞争力不足

目前，我国农业废弃物资源化利用还处于发展阶段，存在技术不成熟、产业规划不明确等多种问题。"肥料化利用"本身价值较低，且长期发展动力不足，但是可以在短期内快速解决农业废弃物对区域环境的污染问题，称为低值高效利用。"饲料化利用、能源化利用、基料化利用、工业原料化利用"能在处理农业废弃物的同时，进一步提高其附加值，创造更多的价值，称之为高值化利用。低值高效利用技术相对成熟，成本低，但利用率低，存在环境污染风险；而高值化利用技术的利用率高，

环境污染小，生态环境效益显著，但是技术还不够成熟，成本较高，高值化利用产业还不具备竞争优势。从农业的循环可持续发展来看，随着人们环保意识的增强，加上技术的不断成熟和生产成本的降低，农业废弃物资源化利用必将朝着高值化利用方向发展。

1.3.5.3 运营成本高，缺乏有效的利益激励机制

农业废弃物资源化利用具有较高的社会效益和环境效益，但是经济性均较差，很难做到可持续发展，是制约其应用的一个关键因素。由于农业废弃物产生量大、分散，且收获季节不一、密度小、体积大、附加值偏低、劳动力投入大等原因，增加了废弃物的收集、储存、处理成本。一些企业收购废弃物的途径较窄，存在供求信息不对称、储运不足、加工产品单一等突出问题。同时农业废弃物处理过程涉及多个环节，需要运用多种设施设备，造成企业购置固定资产的费用过高，难以长期高效运营。此外，支持、鼓励政策多于实际扶持政策，农民、企业直接受益的不多，有待进一步完善落实废弃物利用产业的利益驱动机制和政策导向机制。

1.4 农业废弃物资源化利用领域专利分析方法

1.4.1 研究对象与研究边界

根据前期行业调研，结合我国在《关于推进农业废弃物资源化利用试点的方案》中提出的废弃物种类，本课题研究的农业废弃物涵盖农作物秸秆、畜禽粪污、病死畜禽、废旧农膜和废弃农药包装物。资源化利用方式按照应用方向包括肥料化、饲料化、能源化、基料化和原料化利用。具体技术分支如表1-1所示。

1.4.2 数据采集

数据库 智慧芽全球专利数据库、Derwent Innovation
地域范围 全球
时间范围 全时间段
专利类型 发明专利和实用新型专利
检索策略 采用分总式检索策略开展检索。首先，构建农业废弃物资源化利用领域技术分解表，分别对技术分解表中的各技术分支展开检索，获得相应技术分支之下的检索结果；其次，将各技术分支的检索结果进行合并，得到总的检索结果。通过主题检索方式进行数据检索，具体工作步骤包括：①分析技术主题，明确检索要素及要素间的逻辑关系，选择相应要素的关键词；②根据选择的关键词结合布尔逻辑运算组成初步检索式进行检索；③根据初检获得的文献，补充同义词、近义词及相关国际专利分类号（IPC分类号），将其整合到检索式中，扩大检索范围避免漏检的同时过滤垃圾信息，提高查准率；④经反复试检调整，确定完整的检索式并开展检索。相关检索要素及关键词、IPC分类号见表1-2。

表 1-1 技术分解表

一级分类	二级分类	三级分类
秸秆资源化利用	能源化技术	直接燃烧技术
		热解气化技术
		发酵制沼技术
		固体成型燃料生产技术
		液化技术
	饲料化技术	氨化技术
		青/黄贮技术
		颗粒饲料技术
		揉搓丝化技术
		膨化裹包技术
		微贮技术
		酶解技术
	肥料化技术	直接还田技术
		间接还田（含堆腐、沤制、沼气还田等）
		生物反应堆技术
		有机肥生产技术
	基料化技术	秸秆基料食用菌种植技术
		秸秆植物栽培基质技术
	原料化技术	清洁制浆技术
		人造板材技术
		复合材料技术
畜禽粪污资源化利用	肥料化技术	堆肥技术
		粪水直接利用技术
		沼渣沼液肥料化技术
	能源化技术	沼气技术
		热解技术
	基料化技术	—
	无害化技术	重金属去除/钝化技术
		抗生素残留去除/降解技术
		污水处理技术
病死畜禽资源化利用	焚烧	—
	化制	—
	填埋	—
	堆肥	—
废旧农膜（农药包装物）资源化利用	—	—

1 概 述

表1-2 检索要素表

领域	检索要素		关键词	IPC分类号
秸秆资源化利用	要素1	秸秆	秸秆 or 茎秆 or straw or stalk or stover	
	要素2	肥料化	还田 or 肥料 or 堆肥 or fertilizer or manure or compost	C05F or C05G
		饲料化	饲料 or feedstuff or fodder or forage or feed or silage or roughage	A23K or A23N17 or A01K5
		能源化	能源 or 燃料 or 甲烷 or energy or 沼气 or methane or biogas or "marsh gas" or fuel or biofuel or "biomass fuel" or "biomass fuel" or 热解 or pyrolysis or pyrolise or 气化 or gasification or gasify or gasifier or 液化 or liquefy or liquefaction or "direct combustion" or "direct-combustion" or 直燃 or "direct-fired" or "direct-burning" or (generate $ W3 electricity) 发电 or (power $ W3 generate) or 压缩 or 压块 or 成型 or compress * or briquette or compact	C10L or C12M1/107 or C02F11/04 or C12F3/08 or C10J or C02F11/10 or C07C9/04 or C12P7/10 or C12P7/08 or C12P7/06 or C10B53/02 or C12P7/16 or F23G5/027 or F23G7/10 or F23B90/06 or F23
		原料化	"Biomass charcoal" or biochar or "active carbon" or "activated carbon" or 生物炭 or 活性炭 or 造纸 or 建筑材料 or 包装材料 or 板材 or "building material" or "building-material" or "package material" or "packaging material" or "packing material" or (paper $ W2 make) or (pulp $ W2 make)	C01B31/08 or C01B32/30 or C09K17 or C08L97 or D21 or B27N3 or D01B or D04H or D01C or D01F or B01J20 or A01G9/10
		基料化	基质 or 基料 or "Culture medium" or "cultivation base" or "base material" or "seedling medium" or matrix or substrate or "cultivation medium" or (fungi or fungus) $ W2 cultivat *	A01G24 * or A01G1/04 or A01G18
		资源化	资源化 or 发酵 or 再生 or 降解 or fermentation or regenerat * or degradat * or recycl * or "circularly using" or resource	
畜禽粪污资源化利用	要素1	畜禽	畜禽 or 动物 or 禽类 or 家禽 or 牲畜 or 牲口 or 畜牧 or 牛 or 羊 or 猪 or 鸡 or 鸭 or animal or livestock or poultry or cattle or cow or dairy or pig or swine or sheep or duck or chicken or fowl or goat or hen or sow	
	要素2	粪污	粪 or 粪便 or 粪污 or faeces or excrement or dung or excrement or 污水 or Waste or manure or 废弃物	
	要素3	肥料化	还田 or 肥料 or 堆肥 or fertilizer or compost	C05F or C05G

(续表)

领域	检索要素	关键词		IPC 分类号
畜禽粪污资源化利用	要素3	能源化	能源 or 燃料 or 甲烷 or energy or 沼气 or methane or biogas or "marsh gas" or fuel or biofuel or "biomass fuel" or "biomass fuel" or 热解 or pyrolysis or pyrolise or 气化 or gasification or gasify or gasifier or "direct combustion" or "direct-combustion" or 直燃 or "direct-fired" or "direct-burning" or (generate $ W3 electricity) 发电 or (power $ W3 generate)	C10L or C12M1/107 or C02F11/04 or C12F3/08 or C10J or C02F11/10 or C07C9/04 or C12P7/10 or C12P7/08 or C12P7/06 or C10B53/02 or C12P7/16 or F23G5/027 or F23G7/10 or F23B90/06
		基料化	基质 or 基料 or "Culture medium" or "cultivation base" or "base material" or "seedling medium" or matrix or substrate or "cultivation medium" or (fungi or fungus) $ W2 cultivat*	A01G24* or A01G1/04 or A01G18
		无害化	无害化处理 or "innocent treatment" or "harmless processing" or "harmless treatment" or "hazard-free treatment" or (antibiotic or "heavy metal" or "heavy metals" or copper or zinc or arsenic or cadmium or lead chromium or "breeding wastewater" or "breeding sewage" or "livestock sewage" or "poultry sewage") and (reduce or eliminate* or remove* or purify or purification or passivate or absorb or enrich or absorption or treat* or dispose*)	B09B3 or C02F103/00 or C02F103/20 or C02F101/20 or C02F101/22 or C02F9/ or C02F3/
		资源化	资源化 or 发酵 or 再生 or 降解 or fermentation or regenerat* or degradat* or recycle* or "circularly using" or resource or recover* or retrieve	
病死畜禽资源化利用	要素1	病死畜禽	畜禽 or 动物 or 禽类 or 家禽 or 牲畜 or 牲口 or 畜牧 or 牛 or 羊 or 猪 or 鸡 or 鸭 or animal or livestock or poultry or cattle or cow or dairy or pig or swine or sheep or duck or chicken or fowl or "beasts and birds") and (尸体 or carcass or cadaver or dead or "disease-fatal" or died or "dying of illness"	
	要素2	资源化利用	资源化 or 利用 or 处理 or 发酵 or 再生 or 降解 or fermentation or utilize or regenerate or degradate or recycle or "circularly using" or resource or fertilizer or 肥料 or treatment or burn or incinerate or 堆肥 or compost or 化制 or "chemical treatment" or "chemical processing" or process or "anaerobic pyrolysis" or "anaerobic digestion" or acidolysis or "acid hydrolysis" or ferment or "hazard-free treatment" or 无害化处理 or "innocent treatment" or "harmless processing" or "harmless treatment" or "hazard-free treatment" or carboniz*	C05F1 or B09B3 or A23K1/10 or F23G1/00 or C05F9/04 or C05F17 or A23K10/26 or C11B1 or C11B13/00

(续表)

领域	检索要素	关键词	IPC 分类号
废旧农膜、农药包装物资源化利用	要素1	农膜、农药包装	农膜 or 残膜 or 农药包装 or 农药袋 or 地膜 or "residual film" or "residue film" or "residue membrane" or "incomplete membrane" or "Residual mulch" or "residual plastic film" or "remnant plastic film" or "Agricultural film" or "plastic sheeting" or "plastic film residue" or "residual membrane" or "MULCHING FILM" or "MULCH FILM" or "Canopy membrane film" or 棚膜 or "pesticide packing" or "pesticide packaging" or "pesticide package" or "greenhouse film"	
	要素2	资源化利用	资源化 or 回收 or 利用 or 处理 or 发酵 or 再生 or 降解 or fermentation or utilize or regenerate or degradation or recycle or "circularly using" or resource or treatment or recover or retrieve	B29B17 or A01B43
农业废弃物资源化利用	要素1	农业废弃物	农业废弃物 or "agricultural waste" or "Agricultural residue" or "farming waste"	
	要素2	资源化利用	资源化 or 利用 or 发酵 or 再生 or 降解 or fermentation or utilize or regenerate or degradation or recycle or "circularly using" or resource or recovere or retrieve or 饲料 or feed or feedstuff or fodder or forage or silage or roughage or 还田 or 肥料 or 堆肥 or fertilizer or manure or compost or 能源 or 燃料 or 甲烷 or energy or 沼气 or methane or biogas or "marsh gas" or fuel or biofuel or 基质 or 基料 or "Culture medium" or "cultivation base" or "base material" or "seedling medium" or matrix or substrate or "cultivation medium" or "Biomass charcoal" or biochar or "active carbon" or "activated carbon" or 生物炭 or 活性炭 or 造纸 or 建筑材料 or 包装材料 or 板材 or "building material" or "building-material" or "package material" or "packaging material" or "packing material"	B09B3

1.4.3 数据清洗及标引

本课题根据上述检索策略、检索方法及检索式进行初步检索,得到初检结果。为了保证数据的全面性,尽可能地避免漏检,根据初步检索结束之后的检索结果,进行查全验证。通过检索—验证—分析原因—继续检索—验证,如此反复,逐步完善检索结果,以达到可接受的查全率。由于检索时选用的关键词可能有不同的含义,为了使检索数据较为齐全,难免会引入很多噪音,同时,为得到与研究主题更相关的结果,使后续的专利分析更有价值，需要对采集数据进一步进行去噪及查准验证，通过分类号、关键词或二者结合的方式对检索到的数据进行批量去噪，以达到可接受的查准率。最终从初检结果的118 364件全球专利去噪得到与本课题研究主题相关的全球专利申请107 129件。

2 农业废弃物资源化利用领域专利分析

2.1 全球专利布局态势分析

截至2020年9月30日，在智慧芽全球专利数据库中检索得到农业废弃物资源化利用领域全球专利申请共107 129件，其中，发明专利申请61 625件，授权发明专利25 836件，实用新型专利19 668件，授权专利共45 504件，目前处于有效状态（含授权且有效、审中、PCT指定期内）的专利申请39 387件。

2.1.1 年度申请趋势

全球农业废弃物资源化利用领域的专利申请大致经历了3个发展阶段：1827—1969年（萌芽期）、1970—2005年（缓慢发展期）、2006年至今（快速发展期）。

（1）萌芽期 农业废弃物资源化利用技术研发起源较早，可以追溯到19世纪20年代，在20世纪之前，每年的专利申请量为个位数，相关专利内容主要涉及秸秆纤维制浆技术；20世纪初至70年代，年均专利申请量均在百件以内，相关专利涉及与秸秆压块机、秸秆燃烧炉、秸秆制浆、农业废弃物发酵制肥、秸秆纤维素制备等内容，整体来看，这一阶段相关技术发展较为缓慢，处于萌芽期。

（2）缓慢发展期 20世纪70年代之后，该领域的年均专利申请量突破百件，并呈现逐年增加的趋势，1999年该领域的专利申请量突破1 000件，之后保持在1 200件上下，年均专利申请量约500余件，专利申请量年平均增长率约8%，该领域技术发展进入缓慢发展期。

（3）快速发展期 2005年之后，该领域专利申请量呈现快速增长趋势，2006年相关专利申请量增长率达36%，近10年（2009—2018年）的专利申请量占该领域专利申请总量的64%，专利申请量年平均增长率约19%，该领域技术发展进入了快速发展期（图2-1）。2018年该领域的专利申请量略有回落，但专利公开量仍保持增长趋势。

从专利申请总体趋势来看，全球农业废弃物资源化利用领域专利申请还将保持较高的增长速度，该领域具有较大潜力和市场前景。

对国内外农业废弃物资源化利用领域的专利申请趋势进行比较分析，国外该领域专利申请大致呈现3个阶段：萌芽期（1900—1969年）、缓慢发展期（1970—1999年）、稳定期（2000年至今）。国外在该领域的专利申请较早，但早期很长一段时间的相关专利申请断断续续，申请量较少。1970年，随着发达国家对秸秆焚烧以及养殖业所带来的环境污染问题的关注，对秸秆等农业废弃物进行回收和资源化利用的法规及政策相继出台，1970年，美国颁布了《农村发展法》《资源回收法案》和《清洁空气法案》，受相关要求和规定的影响，1970—1978年，美国涉及畜禽粪污等农业废弃物处理方法、装置及资源化利用的相关专利申请逐渐增多；20世纪70—80年代受世界范围内能源危机的影响，使得发达国家不得不努力寻找其他可替代的能源，1980年后，德国涉及秸秆捆烧与热解方法与装置以及动植物废弃物发酵制沼反应器的专利申请逐渐增加；70年代，日本开始着手农业废弃物资源利用方面的政策制定与技术研发，80年代后，日本该领域的技术研发进入快速发展时期[71]，这期间涉及畜禽粪污处理与肥料化利用及堆肥方法和装置的专利申请快速增加；韩国自20世纪90年代以来开始探索发展循环经济，1995年开始开展"清洁生产技术事业"，1997年以来，韩国政府把农业循环经济作为发展农业的首要任务和发展方向，这期间涉及畜禽粪污分离、干燥、净化、处理、发酵、堆肥等方法和装置，相关饲料和有机肥产品的制备以及用秸秆制造建筑材料、包装材料和食用菌培养基的专利申请快速积累。经过近30年的技术发展，国外相关专利申请量从1970年的约100件增加到2000年的千余件，相关技术处于发展期。2000年后，在农业废弃物原料供应量、市场规模、技术产业化发展阶段等多种因素作用下，国外该领域专利申请维持在相对稳定的范围，每年的专利申请量在800~1 000件，目前国际上该领域技术发展进入平稳期。

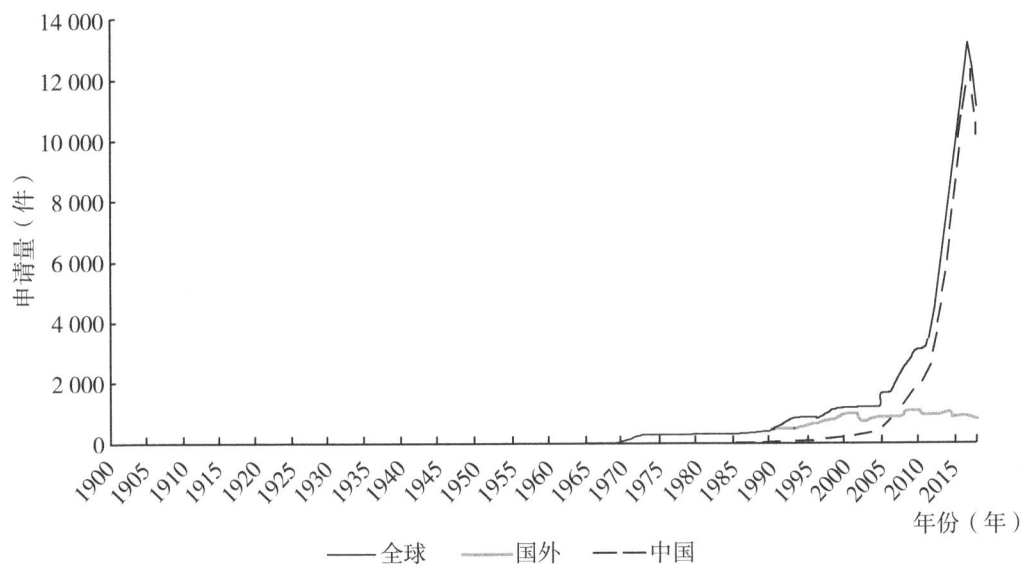

图2-1 农业废弃物资源化利用领域全球专利年度申请趋势

我国该领域的专利申请大致呈现3个阶段：萌芽期（1985—2005年）、缓慢发展期（2006—2010年）和快速发展期（2011年至今）。我国该领域最早的专利申请出现在1985年，1985—2005年的20余年间相关专利申请增长缓慢，专利申请量从10余件增加到400余件；2006年相关专利申请量继续攀升到800余件，2008年之后，随着《关于加快推进农作物秸秆综合利用的意见》《关于推进农业废弃物资源化利用试点的方案》《关于加快推进畜禽养殖废弃物资源化利用的意见》等一系列推进农业废弃物资源化利用政策和规划的出台，相关专利申请量在2011年突破2 000件后进入快速增长期，各年度专利申请量增长率均值约25.1%，相关技术进入快速发展期。

2.1.2 主要技术来源国

通常情况下，申请人会优先在本国申请专利，因此，可将优先权国视为申请国，通过对优先权国进行分析可以了解本领域的主要技术来源国。从图2-2可以看出，农业废弃物资源化利用领域的专利申请主要来自中国，申请专利达73 628件，占本领域专利申请总量的69%。排名第二位至第四位的国家依次为美国、韩国和日本，3者在农业废弃物资源化利用领域均有4 000件以上的专利申请。

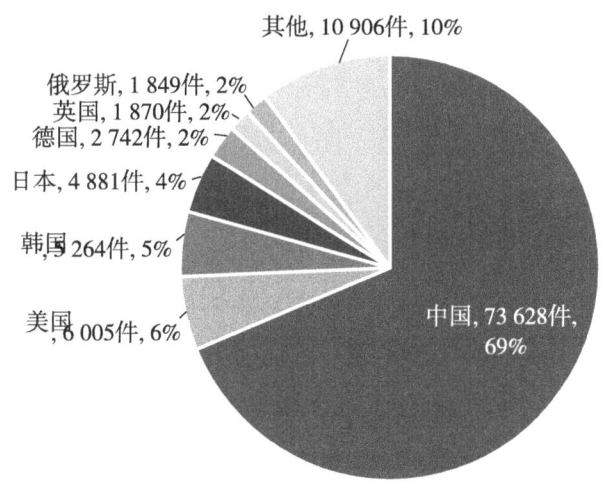

图2-2 农业废弃物资源化利用领域专利优先权国分布

2.1.2.1 年度申请趋势

对专利申请量排名前四位的国家进行专利申请年度趋势分析（图2-3），可以看出，在2006年之后，中国每年在农业废弃物资源化利用领域的专利申请量均超过全球该领域专利申请量总量的半数，并呈现份额逐年上升的趋势，引领该领域全球专利申请量的上涨，反映出中国近10余年来在该领域的技术研发非常活跃。这一快速发展态势可能与中国近年在农业废弃物资源化利用方面的支持政策相关。自2008年以来，我国在中央政府层面先后出台了一系列推进农业废弃物资源化利用的延续性政策，在《关于加快推进农作物秸秆综合利用的意见》、"十三五"规划、《国务院办公厅关于加快转变农业发展方式的意见》《中共中央国务院关于加快推进生态文明建设的意见》以及2016年以来的中央一号文件中均作出明确部署和规划；在各部委层面，农业农村部、国家发展改革委员会、科学技术部等多部门也联合发布了《全国农业可持续发展规划（2015—2030年）》《关于推进农业废弃物资源化利用试点的方案》《关于加快推进畜禽养殖废弃物资源化利用的意见》等具体规划和指导意见。此外，在2018年的《乡村振兴战略规划（2018—2022年）》和《农业农村污染治理攻坚战行动计划》中进一步提出推进农业结构调整，促进废弃物资源就近利用，加强畜禽粪污资源化利用技术集成和秸秆、农膜废弃物的资源化利用。受这些政策的导向性影响，我国资源化利用技术的研发以及农业环境的保护与治理得到有效推动。

美国、韩国和日本在农业废弃物资源化利用领域的年均专利申请量基本在100～300件的范围内浮动，呈现较为稳定的态势，反映出此3者在该领域的技术研发活跃度相对一般，可能与当地的种养殖业环境、耕作制度、技术产业化程度以及技术变革需求较弱有关。

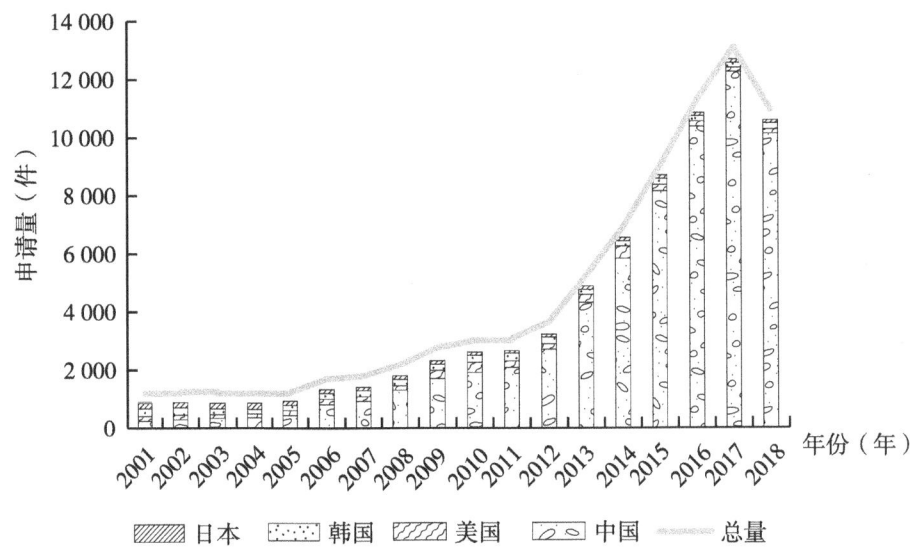

图2-3 农业废弃物资源化利用领域主要专利优先权国的年度申请趋势

2.1.2.2 专利申请人类型分布

对主要技术来源国各专利申请人类型的专利申请量进行统计（图2-4），可见，美国和日本的企业专利申请在各自专利总申请中的占比均超过60%，我国院校（研究所）类申请人的专利申请占比在4国中最高，且企业专利申请占比尚不及美日，反映出我国农业废弃物资源化利用领域技术尚处在研发与产业并行的阶段，产业化程度还有待提升。

2.1.2.3 专利类型分布

对授权专利（含实用新型19 668件、授权发明25 836件）进行优先权国分布分析，中国以授权专利总量26 803件遥遥领先，其中，发明专利9 756件，实用新型专利17 047件，实用新型占比较高，我国该领域在农业废弃物处理专用设备、装置和系统方面的技术研发较多。

排名第二的韩国和美国，授权专利量均为3 225件（图2-5），其中，发明专利占比分别为76.6%和99.6%，发明专利占比较高，美国该领域在农业废弃物预处理方法、相关产物及产品制备方法和生产工艺的技术研发较多，韩国该领域的技术研发集中在农业废弃物处理方法、堆肥方法及肥料生产工艺方面。

2 农业废弃物资源化利用领域专利分析

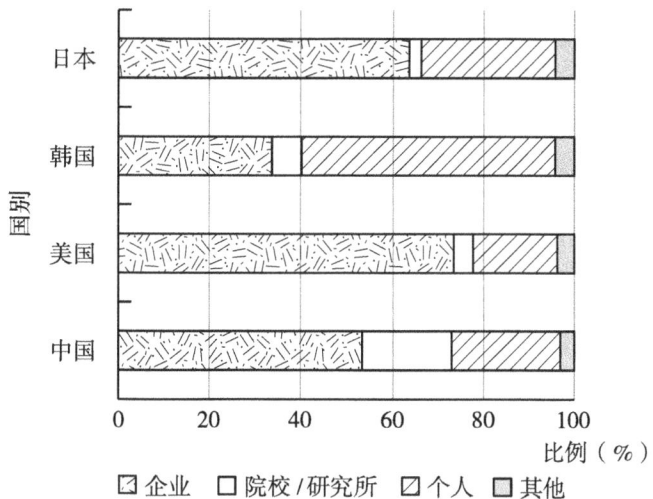

图 2-4 农业废弃物资源化利用领域主要优先权国各专利申请人类型的专利申请分布

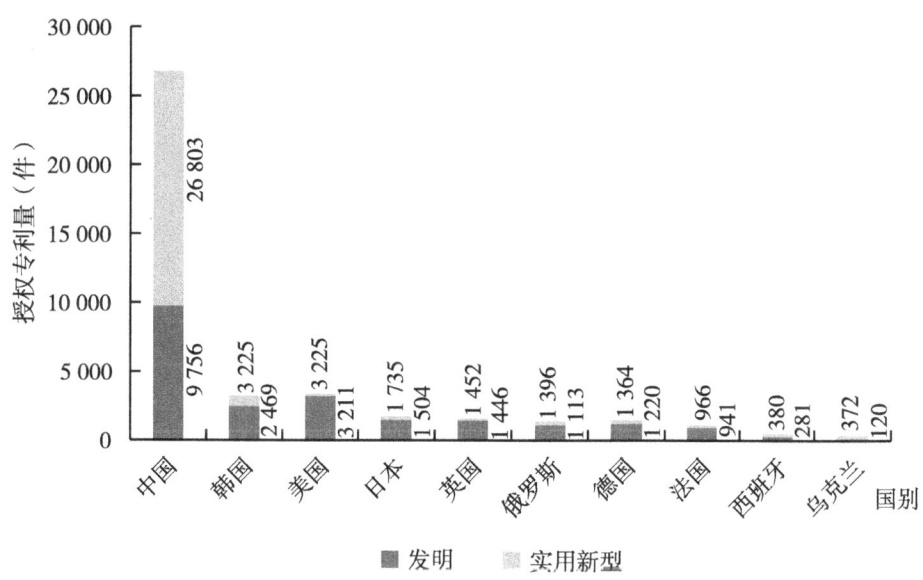

图 2-5 农业废弃物资源化利用领域授权专利的主要专利申请国

2.1.3 主要布局区域

图 2-6 显示了农业废弃物资源化利用领域全球专利地域分布情况，从图中可以看出，该领域的专利申请主要集中在中国，占比约 69%，导致这一现象的原因与中国申请人的专利申请较多有关，源自中国本土的专利申请高达 73 283 件。其次，韩国和日本也是该领域主要的专利布局国，均有约 4 000 件以上的专利布局。

通过比较中国和美国在该领域的国内外专利布局状况，可以发现，中国该领域约

99%的专利为在华申请，向国外提交的专利申请仅有345件，而中国受理的国外专利申请有469件，反映出中国技术输出和全球化布局尚有不足。美国作为该领域的第二大专利申请国（6 005件），其专利受理量在全球排名第四（2 777件），美国本土申请为2 048件，占其申请总量的34%，向国外提交的专利申请达3 957件，占其申请总量的66%，其受理的国外专利申请仅为729件，反映出美国十分注重该领域技术的全球化布局，体现出其技术输出国地位。

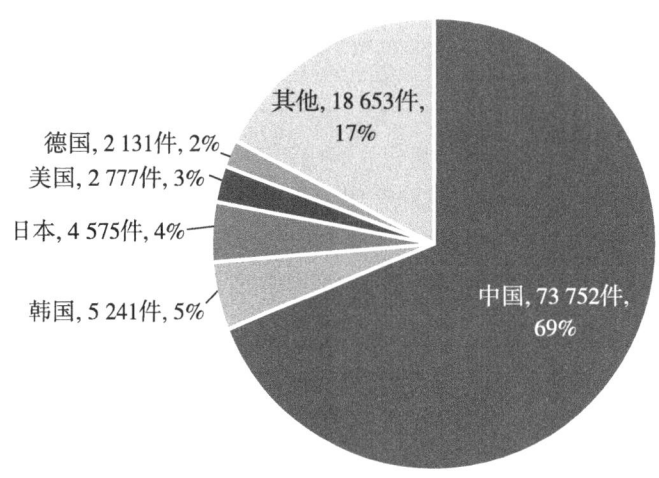

图2-6 农业废弃物资源化利用领域主要专利受理情况

2.1.4 主要申请机构

图2-7显示了农业废弃物资源化利用领域全球专利的申请人分布情况，排名前十位的申请人包括2家企业和8家高校及科研机构，美国的希乐克公司（XYLECO INC）以1 467件专利申请排名第一，反映出该公司在农业废弃物资源化利用领域具有较多的专利申请和丰厚的技术研发基础，其余9家申请机构均来自中国，包括3家科研机构、5家高校和1家企业。从对申请机构的分析来看，我国非常注重农业废弃物资源化利用领域的技术研发，具有一定规模的研发力量，但从该领域申请机构以高校和科研机构为主来看，高校院所仍是我国该领域的主要创新主体。美国的希乐克公司（XYLECO INC）的申请量相当于排名第二的中国科学院申请量的近2倍，是我国企业青岛海益诚管理技术有限公司的10余倍，反映出我国在该领域产业化方面仍有较大差距。

经过实质审查，具有新颖性和创造性的发明专利才能获得授权，因此授权发明专利更能代表高质量和具有创新性的技术。某机构拥有的授权发明专利量能在一定程度上反映该机构实际的技术研发质量和水平。图2-8显示了农业废弃物资源化利用领域授权发明专利量排名TOP10机构，包括4家外国机构和6家中国机构，4家外国机构分别为美国的希乐克公司和杜邦公司（DU PONT），英国的BRITISH CELANESE和韩国的大韩民国农村振兴厅；6家中国机构包括4所高校（中国农业大学、浙江大学、南京农业大学、华南理工大学）和2所科研机构（中国科学院和中国农业科学院）。从拥有的授权发明专利量来看，希乐克公司是中国科学院的2倍，其在农业废弃物资源化利用领域的技术研发质量和水平具有显著优势；我国该领域较高水平的技术研发主要来自高校和科研院所，但与希乐克公司相比，在技术储备上尚有较大差距，而且我国在该领域还未形成创新型龙头企业，产业化程度有待提升。

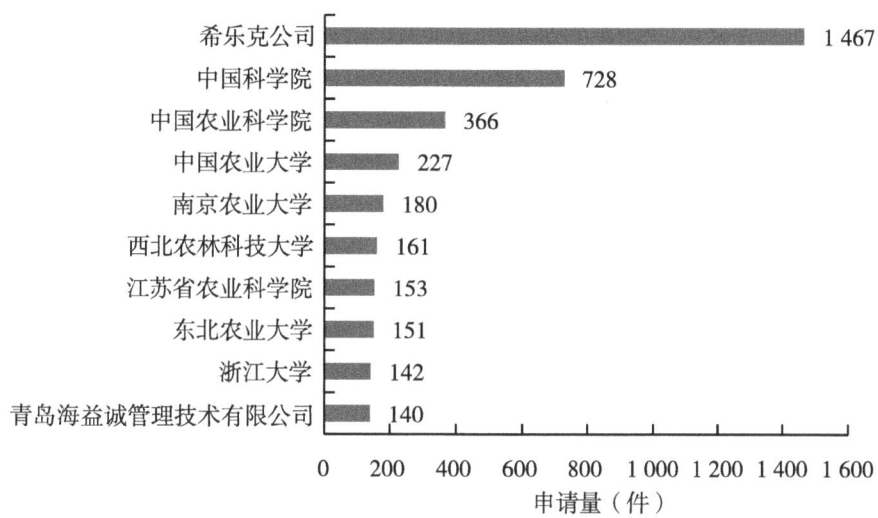

图 2-7 农业废弃物资源化利用领域主要专利申请机构

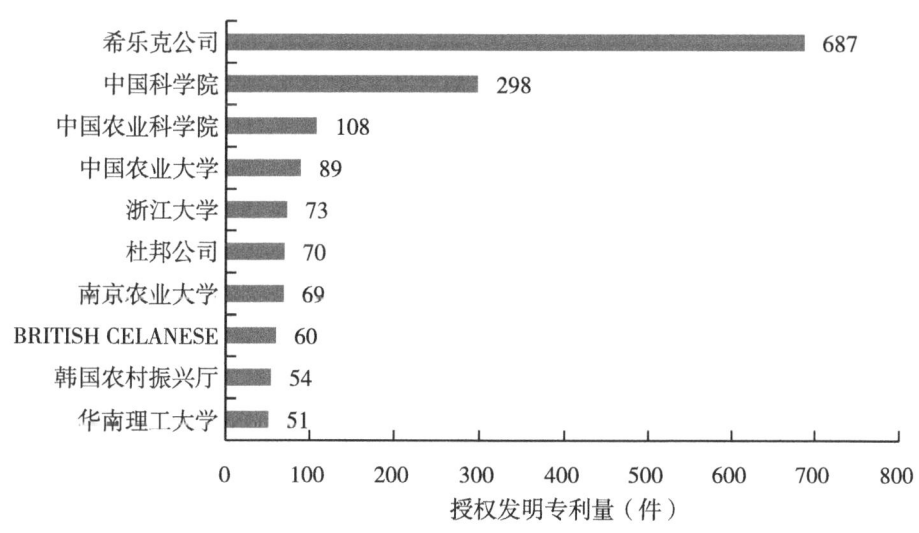

图 2-8 农业废弃物资源化利用领域授权发明专利 TOP10 专利权人

2.1.5 技术分布

2.1.5.1 基于IPC分类号

对农业废弃物资源化利用领域全球专利进行IPC分类号统计（表2-1），得出该领域最主要的10个技术研发领域IPC子类，涉及农业废弃物在肥料、蔬菜、花卉、稻、果树等的栽培，饲料、种植、施肥、畜牧养殖和燃料等方面的应用，以及通过废污水处理工艺、发酵工程和酶工程等技术实现农业废弃物资源化利用等内容。

表2-1 农业废弃物资源化利用领域专利IPC分类号TOP10

IPC小类	分类号解释	专利申请量/件
C05G	分属于C05大类下各小类中肥料的混合物；由一种或多种肥料与无特殊肥效的物质，例如农药、土壤调理剂、润湿剂所组成的混合物；以形状为特征的肥料	20 395
C05F	不包含在C05B、C05C小类中的有机肥料，如用废物或垃圾制成的肥料	18 127
C02F	水、废水、污水或污泥的处理	11 605
A23K	专门适用于动物的喂养饲料；其生产方法	10 317
A01G	园艺；蔬菜、花卉、稻、果树、葡萄、啤酒花或海菜的栽培；林业；浇水	8 159
A01K	畜牧业；禽类、鱼类、昆虫的管理；捕鱼；饲养或养殖其他类不包含的动物；动物的新品种	6 098
C10L	不包含在其他类目中的燃料；天然气；不包含在C10G或C10K小类中的方法得到的合成天然气；液化石油气；在燃料或火中使用添加剂；引火物	3 900
B09B	固体废物的处理	3 812
C12P	发酵或使用酶的方法合成目标化合物或组合物或从外消旋混合物中分离旋光异构体	3 765
C12N	微生物或酶；其组合物；繁殖、保藏或维持微生物；变异或遗传工程；培养基	3 536

2.1.5.2 基于技术分解表

基于技术分解表对农业废弃物资源化利用领域全球专利进行分析（图2-9），全球范围内秸秆资源化利用领域的专利申请最多，共58 187件，其中，授权专利共22 925件；其次为畜禽粪污资源化利用领域，专利申请量为45 813件，授权专利量为22 925件；废旧农膜和农药包装物及病死畜禽资源化利用领域的专利申请较少，专利申请量分别为5 988件和4 111件，授权量分别为3 597件和2 392件。可以看出，对秸秆和畜禽粪污进行资源化利用的技术研发较多，是农业废弃物资源化利用领域的热点研究对象。

通过对中国和外国农业废弃物资源化利用领域专利进行研究对象对比分析，可以发现国内外在该领域的技术研发各有侧重。外国在畜禽粪污资源化利用方面的专利申请最多,侧重于畜禽粪污分级处理、发酵、堆肥等方法工艺及有机肥产品的研发;中国则在秸秆资源化利用领域的专利申请最多,侧重于秸秆制作有机肥、复合肥、新型增值肥和土壤改良剂的方法、配方及工艺的研发。

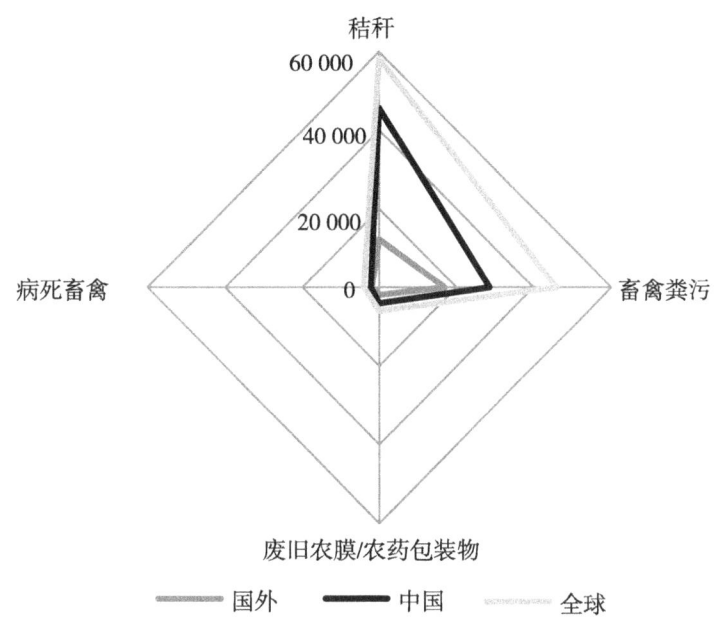

图 2-9　农业废弃物资源化利用领域专利研究对象分布

(1) 秸秆资源化利用领域　作物秸秆是产量最大的农业废弃物资源,目前,世界秸秆年总产量为30亿吨,通过上述统计可见秸秆资源化利用领域的专利申请也最多,根据前期文献调研,秸秆资源化利用领域主要包括肥料化、饲料化、能源化、原料化和基料化5个利用领域分支,本报告通过对各利用领域分支进行标引和统计,如图2-10显示,全球秸秆肥料化利用领域的专利申请最多,其次为饲料化利用领域和原料化利用领域,能源化利用领域也有近万件的专利申请,基料化利用领域的专利申请最少。可以看出,以秸秆直接还田、过腹还田、沼液沼渣还田等形式为代表的秸秆肥料化利用和饲料化利用领域的技术研发较多,是秸秆资源化利用的主导利用方式;以秸秆直燃、热解气化、固化成型燃料、秸秆制备生物乙醇、秸秆发酵制沼气为代表的秸秆能源化利用和以秸秆制浆、秸秆板材为代表的原料化利用领域的技术研发也达到一定规模,是秸秆资源化利用的重要辅助方式。

通过对中国和外国秸秆资源化利用领域专利进行技术分布对比分析,可以发现两者在该领域的技术研发布局略有差异。中国在秸秆资源化利用方面以肥料化利用的专利申请最多(18 720件),占中国秸秆资源化利用专利申请量的41%,其次为饲料化利用(10 992件)和原料化利用(9 963件),在中国秸秆资源化利用专利申请量的占比分别为41%和22%;国外在秸秆原料化利用领域的专利申请最多(4 453件),占其秸秆资源化利用专利申请量的36%,其次为饲料化利用(3 842件)和肥料化利用(1 993件),

在其秸秆资源化利用专利申请量的占比分别为31%和16%。可见,中国在秸秆资源化利用领域主要聚焦于肥料化利用技术的研发,而国外则更加注重以原料化利用技术为代表的高值化利用技术的研发。

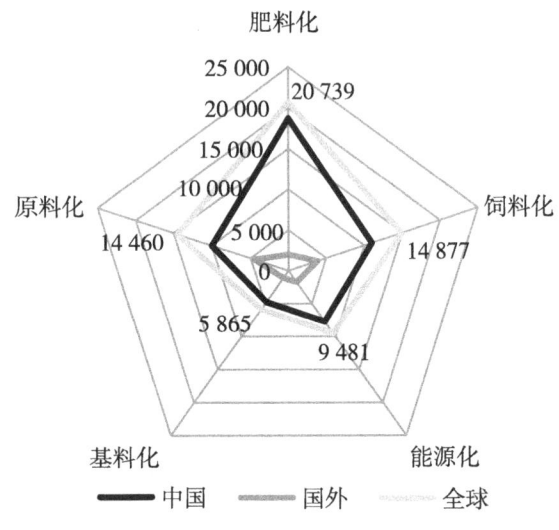

图2-10 秸秆资源化利用各应用领域分布

(2)畜禽粪污资源化利用领域 资源化利用是解决畜禽粪污污染的最佳方式,根据前期文献调研结合专家咨询,明确了畜禽粪污资源化利用领域主要包括肥料化、能源化、无害化和基料化4个利用领域分支,本报告对畜禽粪污资源化利用领域的各利用领域分支进行标引和统计,由图2-11可见,全球畜禽粪污资源化利用专利申请中,肥料化利用的相关专利申请最多,达26 100件;无害化和能源化利用的专利申请量次

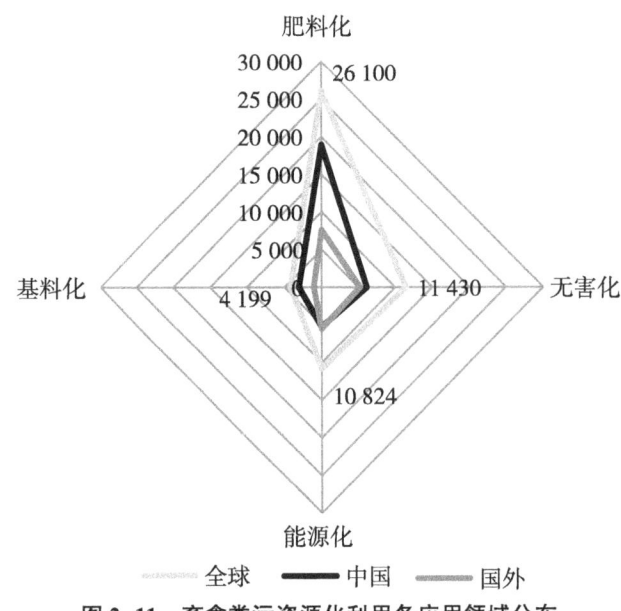

图2-11 畜禽粪污资源化利用各应用领域分布

之，专利申请量10 000余件，基料化利用的专利申请最少，仅有4 000余件。可见，全球畜禽粪污资源化利用以肥料化利用为主导，无害化和能源化利用为重要补充。

通过对中国和外国畜禽粪污资源化利用领域专利进行技术分布对比分析，可以发现两者在该领域的技术研发布局同中有异。中国在畜禽粪污资源化利用方面以肥料化利用的专利申请最多（18 965件），占中国畜禽粪污资源化利用专利申请量的66%。其次为无害化利用（6 167件）和能源化利用（5 275件），在中国畜禽粪污资源化利用专利申请量的占比分别为22%和18%。国外同样在畜禽粪污肥料化利用领域的专利申请最多（7 630件），占其畜禽粪污资源化利用专利申请量的45%，其次为能源化利用（5 502件）和无害化利用（5 225件），在其畜禽粪污资源化利用专利申请量的占比分别为33%和31%。可见，国内外在畜禽粪污资源化利用领域均以肥料化利用技术的研发为主，但与我国相比，国外也非常注重能源化技术和无害化技术的均衡发展。

2.2 在华专利布局态势分析

2.2.1 年度申请趋势

经统计，农业废弃物资源化利用领域在华专利申请共73 752件，从年度申请趋势来看，在华农业废弃物资源化利用技术发展大致经历3个阶段：1985—2005年（萌芽期）、2006—2011年（缓慢发展期）、2012年至今（快速发展期）。

（1）萌芽期　在2005年之前，该领域技术发展处于萌芽期，每年的相关专利申请从10余件缓慢增长到300余件，年平均增长率约23%。

（2）缓慢发展期　2006—2011年，该领域技术发展处于缓慢发展期，在此期间，每年专利申请量逐渐突破千件，并且呈现逐年增加的趋势，年均专利申请量约1 478件，专利申请量年平均增长率约30%。

（3）快速发展期　2012年至今，该领域技术发展处于快速发展期，年均专利申请量从2 700余件快速增加直至突破万件，在2017年达到专利申请量峰值12 232件，专利申请量年均增长率达到35%。2018年专利申请量略有回落，但从公开量来看，该领域的专利公开量仍保持增长趋势（图2-12）。

从专利申请总体趋势来看，中国农业废弃物资源化利用领域专利申请还将保持较高增长速率，该领域具有较大潜力和市场前景。

2.2.2 申请来源区域分析

表2-2显示出农业废弃物资源化利用领域在华专利的来源区域分布情况，可见，我国农业废弃物资源化利用专利主要来自本国申请，占比约99.3%，来华申请国主要有美国、日本、韩国、德国、加拿大、丹麦和法国，占比不到1%。就我国市场来看，本国申请人基本占据全部国内市场份额。

表2-2　农业废弃物资源化利用领域在华专利申请来源区域分布

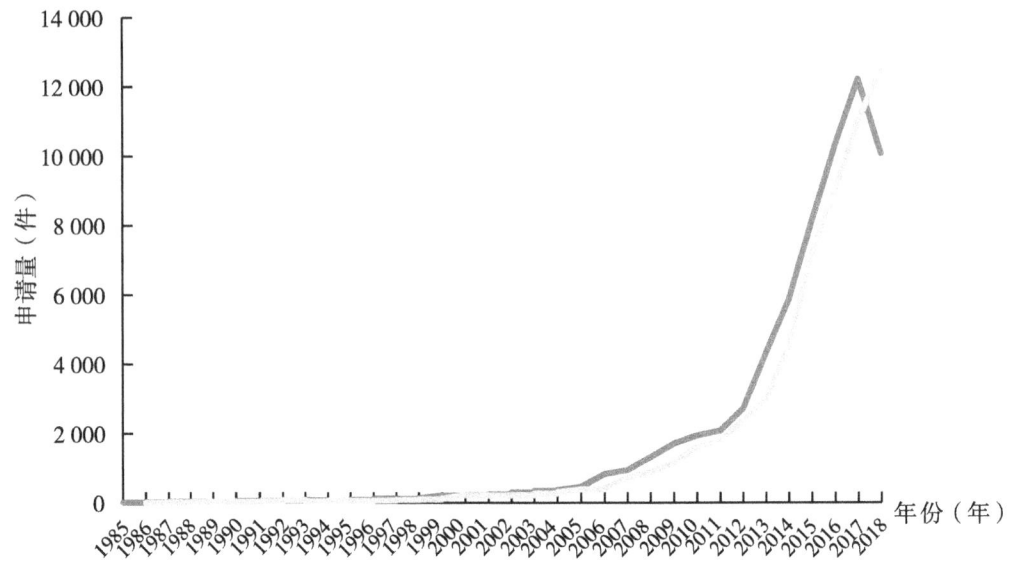

图 2-12 农业废弃物资源化利用领域在华专利年度申请趋势

申请（专利权）人区域	专利申请量/件	占比/%
中国	73 283	99.36
美国	154	0.21
日本	82	0.11
韩国	68	0.09
德国	28	0.04
欧盟	20	0.03
加拿大	11	0.01
丹麦	10	0.01
法国	10	0.01
其他	86	0.12

图 2-13 显示了我国农业废弃物资源化利用领域专利本国申请的省（区、市）分布，可以了解本国主要的技术来源省（市）。由图可见，安徽、江苏和山东是我国该领域的主要技术来源省（市），其专利申请约占本国申请的 1/3，主要申请人包括安徽科技学院、马鞍山科邦生态肥有限公司、安徽万利生态园林景观有限公司、南京农业大学、江苏省农业科学院、南京林业大学、江苏鸿升食用菌有限公司、山东胜伟园林科技有限公司、青岛海益诚管理技术有限公司、青岛嘉禾丰肥业有限公司和山东农业大学。

2 农业废弃物资源化利用领域专利分析

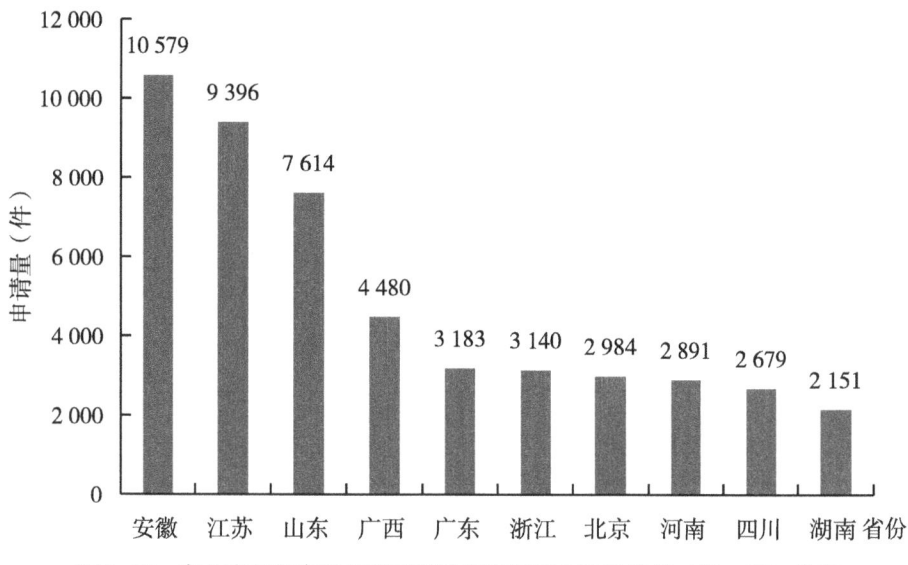

图 2-13 农业废弃物资源化利用领域在华专利本国申请省（区、市）分布

2.2.3 主要申请机构

图 2-14 显示了我国农业废弃物资源化利用领域专利的申请人分布情况，排名前十位的申请人包括 3 家科研机构（中国科学院、中国农业科学院和江苏省农业科学院）、6 家高校（中国农业大学、南京农业大学、西北农林科技大学、东北农业大学、浙江大学和广西大学）和 1 家企业（青岛海益诚管理技术有限公司），反映出我国非常注重农业废弃物资源化利用领域的技术研发，农林类高校和科研机构在该领域的研发热度和活跃度较高，涉农企业在该领域也表现出较高的技术创新热情，但与相关科研机构和高校相比，在技术研发规模及专利申请量方面尚有差距。

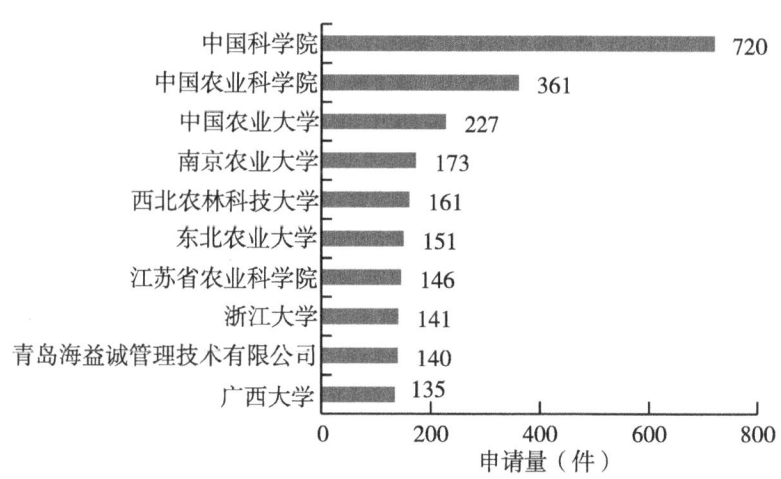

图 2-14 农业废弃物资源化利用领域在华专利的主要申请机构

2.2.4 技术分布

2.2.4.1 基于IPC分类号

对我国农业废弃物资源化利用领域专利进行IPC分类号统计（表2-3），得出我国该领域最主要的10个技术研发领域IPC子类，涉及农业废弃物在肥料，园艺，蔬菜、花卉、稻、果树等的栽培、种植、施肥，饲料，畜牧养殖，燃料等领域的应用，以及废污水处理工艺，农林业整地及秸秆还田装备，秸秆收集、切割、粉碎装备等。

表2-3 农业废弃物资源化利用领域在华专利IPC分类号TOP10

IPC小类	分类号解释	专利申请量/件
C05G	分属于C05大类下各小类中肥料的混合物；由一种或多种肥料与无特殊肥效的物质，例如农药、土壤调理剂、润湿剂所组成的混合物；以形状为特征的肥料	19 375
C05F	不包含在C05B、C05C小类中的有机肥料，如用废物或垃圾制成的肥料	11 852
A23K	专门适用于动物的喂养饲料；其生产方法	7 456
A01G	园艺；蔬菜、花卉、稻、果树、葡萄、啤酒花或海菜的栽培；林业；浇水	6 860
C02F	水、废水、污水或污泥的处理	6 139
A01K	畜牧业；禽类、鱼类、昆虫的管理；捕鱼；饲养或养殖其他类不包含的动物；动物的新品种	4 088
A01B	农业或林业的整地；一般农业机械或农具的部件、零件或附件	3 262
C10L	不包含在其他类目中的燃料；天然气；不包含在C10G或C10K小类中的方法得到的合成天然气；液化石油气；在燃料或火中使用添加剂；引火物	2 183
C08L	高分子化合物的组合物	2 149
C12N	微生物或酶及其组合物；繁殖、保藏或维持微生物；变异或遗传工程；培养基	2 076

2.2.4.2 基于技术分解

根据技术分解表，基于研究对象对农业废弃物资源化利用领域在华专利进行统计（图2-15），与全球专利的布局类似，在华专利申请中，秸秆相关的专利申请最多，其次为畜禽粪污，废旧农膜和农药包装物及病死畜禽相关的专利申请较少。可以看出，秸秆资源化利用技术和畜禽粪污资源化利用技术的研发较多，是在华农业废弃物资源化利用领域的热点研究对象。

对农业废弃物资源化利用领域专利申请中我国本土申请和外国来华申请进行研究对象分布对比分析，可以看出我国本土申请主要集中在秸秆资源化利用领域，而外国来华申请则以畜禽粪污资源化利用领域为主（图2-16）。

2 农业废弃物资源化利用领域专利分析

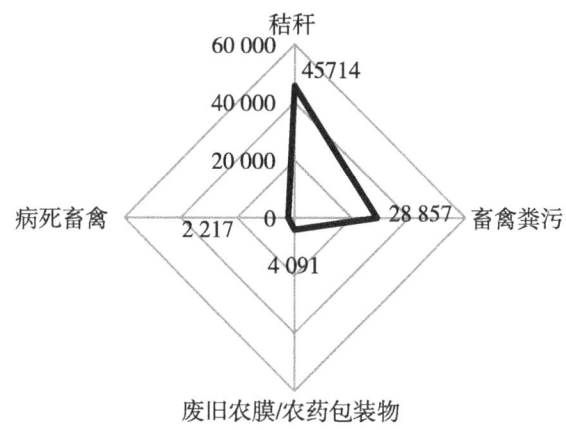

图 2-15 农业废弃物资源化利用领域在华专利研究对象分布

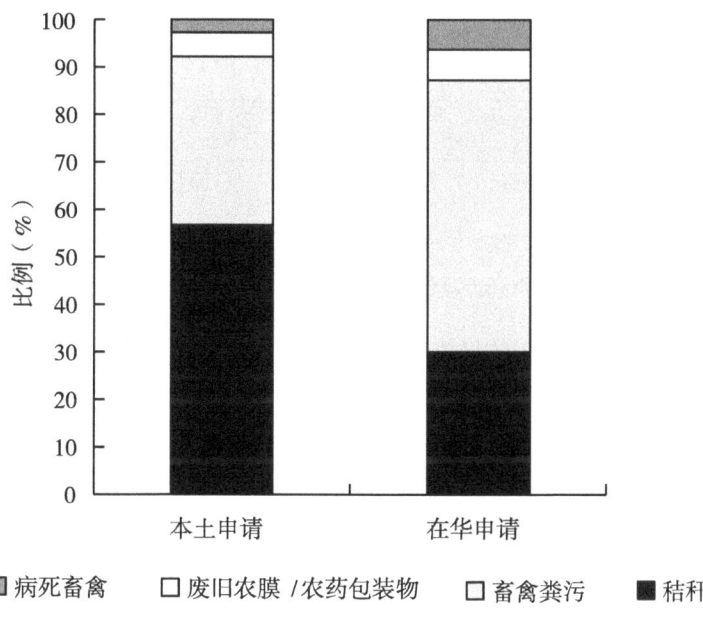

图 2-16 农业废弃物资源化利用领域在华专利本土申请与
来华申请研究对象分布

（1）秸秆资源化利用领域　我国作物秸秆资源非常丰富，据统计，2018 年，全国农作物秸秆产量 10.04 亿吨，是全球农作物秸秆产量最大的国家。通过上述统计可见秸秆资源化利用领域的专利申请最多，本报告按照肥料化、饲料化、能源化、原料化和基料化 5 个利用领域分支对秸秆资源化利用在华专利数据进行标引和统计，图 2-17 显示秸秆肥料化利用领域的专利申请最多，共 18 691 件，其次为饲料化利用领域和原料化利用领域，均有近万件的专利申请，基料化利用领域的专利申请最少。可以看出，受中国申请在全球申请占比较高的因素影响，在华申请呈现出与全球专利申请的应用领域布局类似的状况，即在华申请中，秸秆肥料化和饲料化利用领域的技术研发较多，是秸秆资源化利用的主导利用方式;秸秆能源化和秸秆原料化利用领域的技术研发也达到一定规模,是秸秆资源化利用的重要辅助方式。

与国外申请对比来看,国外秸秆资源化利用领域的专利申请则主要集中于秸秆原料化和饲料化利用方向,尤其注重以农业废弃物原料化利用为代表的农业废弃物高值化利用技术的研发。

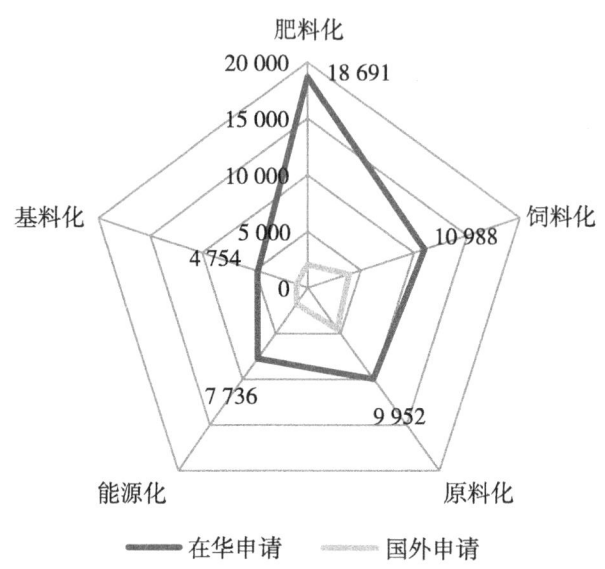

图 2-17 秸秆资源化利用领域在华专利各应用领域分布

通过对比秸秆资源化利用领域在华专利申请中我国本土申请和外国来华申请的技术领域分布,可以发现,我国本土技术研发方向和外国来华技术布局存在明显差异。中国本土申请中以肥料化利用领域的专利申请最多,其在本土秸秆资源化利用专利申请量的占比超过 1/3,其次为饲料化利用领域和原料化利用领域,能源化利用领域的专利申请量排名第四,其在本土秸秆资源化利用专利申请量的占比约 17%;而外国来华申请则以秸秆原料化利用领域的专利申请最多,其在秸秆资源化利用来华专利申请中的占比接近半数,秸秆能源化利用领域的专利申请次之,在秸秆资源化利用专利申请量的占比约 1/4。可见,我国在秸秆资源化利用领域的本土技术研发主要集中在肥料化利用领域,而外国来华申请则重点开展以原料化利用和能源化利用为代表的高值化利用技术的研发与布局(图 2-18)。

(2) 畜禽粪污资源化利用技术 据估算,我国每年产生畜禽粪污 38 亿吨,综合利用率不到 60%,畜禽粪污的处理和利用成为当前国家关注的重点。对畜禽粪污资源化利用领域在华专利从肥料化、能源化、无害化和基料化 4 个利用领域分支进行标引和统计,由图 2-19 可见,受中国申请在全球申请占比较高的因素影响,在华申请呈现出与全球专利申请的应用领域布局类似的状况,肥料化利用的相关专利申请最多,无害化和能源化利用的专利申请次之,基料化利用的专利申请最少。可见,畜禽粪污资源化利用领域在华专利申请以肥料化利用为主导,无害化和能源化利用为重要补充。与国外申请对比来看,国外畜禽粪污资源化利用领域的专利申请也呈现以肥料化为主,能源化和无害化为辅的分布态势,但其在3个领域的专利申请布局较为均衡。

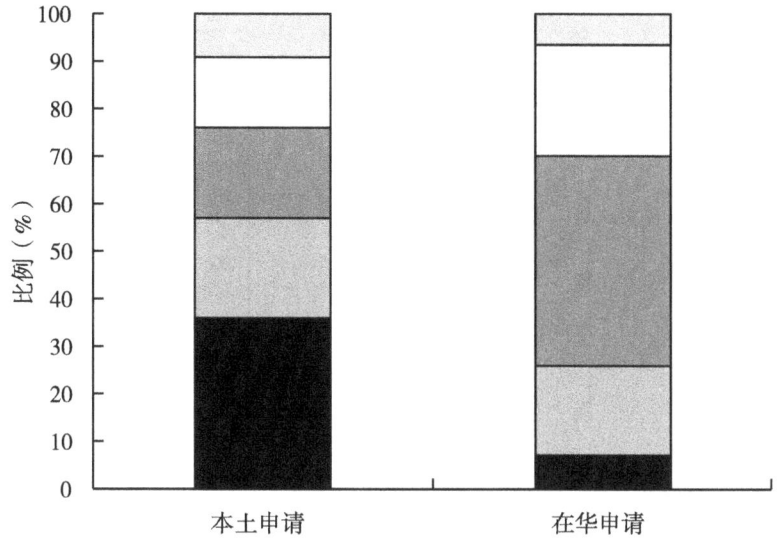

图 2-18　秸秆资源化利用领域在华专利本土申请与来华申请应用领域分布对比

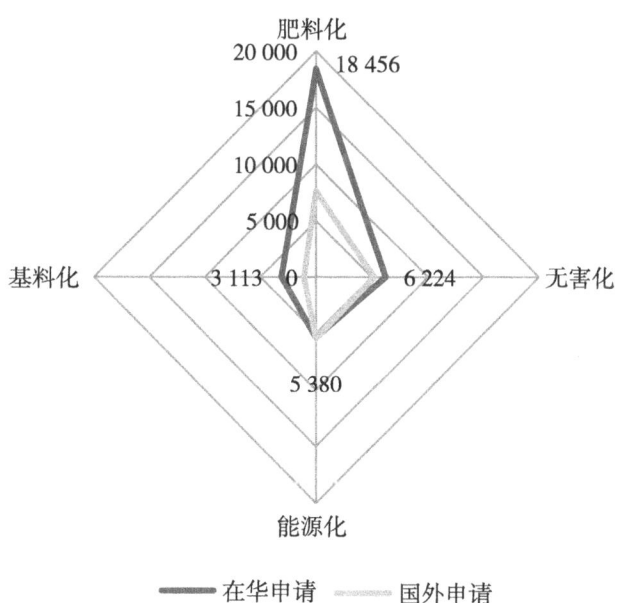

图 2-19　畜禽粪污资源化利用领域在华专利各应用领域分布

通过对比畜禽粪污资源化利用领域在华专利申请中我国本土申请和来华申请的技术领域分布,可以发现我国本土技术研发方向和外国来华技术布局各有侧重。中国畜禽粪污资源化利用本土申请以肥料化利用领域的专利申请最多,而外国来华申请则重点布局畜禽粪污能源化领域。可见，我国畜禽粪污资源化利用以肥料化利用为主导，外国来华申请则重点布局能源化利用领域（图2-20）。

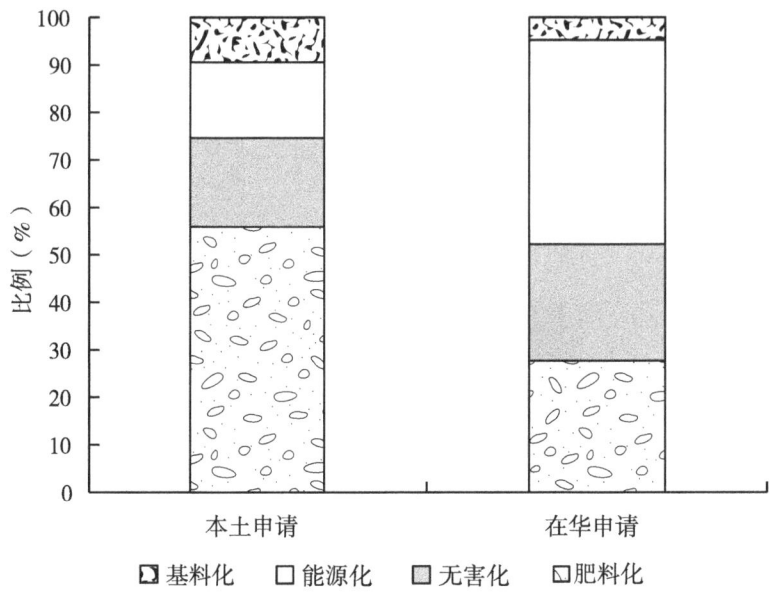

图2-20 畜禽粪污资源化利用领域在华专利本土申请与来华申请应用领域分布对比

2.3 技术热点分析

采用科睿唯安DI专利数据库专利地图工具，提取农业废弃物资源化利用领域近5年（2014—2018年）专利申请的专利名称及摘要中的关键词进行文本聚类，并通过可视化方法制作该领域的专利地图，通过专利地图分析该领域的技术热点（图2-21），图中每个点代表一篇专利文献，相似的专利形成山峰，专利集中区域形成白灰色的山峰，每个山峰的标签代表所属专利的技术主题，通过对山峰区域的专利进行解读获得农业废弃物资源化利用领域的技术热点。

2.3.1 肥料化利用技术热点

肥料化利用是种养殖业废弃物资源化利用的重要方向。从现有专利技术数据来看，肥料化利用的技术热点主要集中在秸秆直接还田、制作有机肥、复合肥和新型增值肥料。

（1）秸秆还田是农业废弃物肥料化利用最直接的方式，这方面的技术热点是秸秆还田机械的设计。从还田方式看，还田机械主要有粉碎还田机、旋耕还田机、深松还田机、覆盖还田机、灭茬还田机等。近年来，为提高还田作业效率，出现了一批多功能联合作业机械的设计热点，如还田播种机、还田施肥机、还田旋耕整地一体机、垄沟作业秸秆还田一体机、秸秆还田深松分层施肥一体机等，这些技术为提高秸秆还田效率和效果提供了重要支撑。

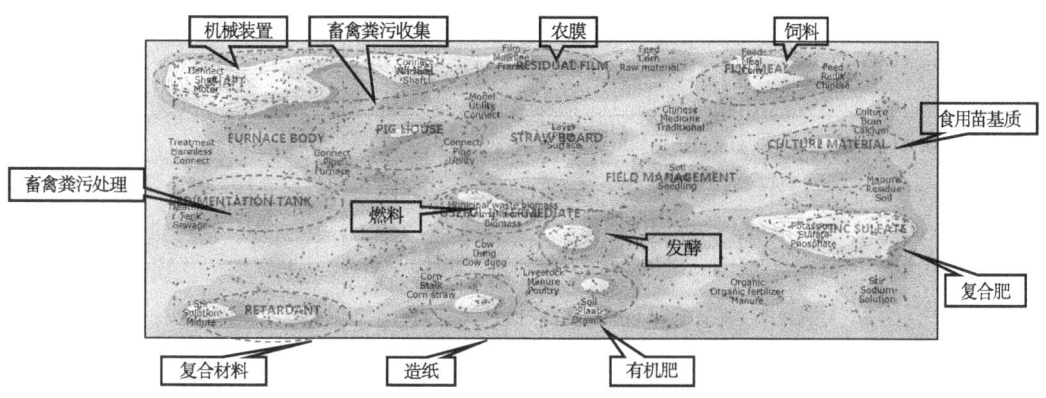

图 2-21 农业废弃物资源化利用领域专利地图

（2）以畜禽粪便、植物秸秆（包括农作物秸秆、蘑菇渣以及松针和木薯渣、蔗糠、白茅、茭芨草等）以及与蟹壳粉、城市污泥等物质为原料，按照一定比例混合，经过堆置、发酵、脱水、烘干等过程制成有机肥的设备研发以及工艺配比技术；或通过添加不同的菌种或菌剂（酵母菌、芽孢杆菌、光合菌、乳酸菌、哈茨木霉、枯草芽孢杆或复合微生物菌剂等），提高有机肥中微生物活性，制备生物有机肥产品的设备、工艺和技术，增强有机肥改良土壤、提高作物品质的功能性。

（3）利用高岭土，膨润土，多分子聚糖，N、P、K 化学养分等物质，制备生物有机肥、复混肥或复合肥的制备工艺和设备。

（4）随着肥料技术和产品的研发，新型增值肥料产品逐渐涌现，例如，在种植业与养殖业废弃物中，添加聚丁二酸丁二醇酯、过氧化苯甲酰、丙三醇、水、动物粪便、镁、铁、硼、氯化胆碱、氨基酸、烷基磺酸钠、磷石膏、过磷酸钙、硫酸铵、硫酸钾、高吸水树脂等物质制备缓控释肥料新产品，或针对不同作物对养分的需求特征，生产适用于特定作物的专用肥料以及秸秆炭化，生产炭基有机肥等新型增值肥料产品的过程。

这些肥料化产品可以用于培肥土壤，改良土壤，钝化重金属，克服障碍土壤（连作、盐碱地），提高作物产量、品质、抗病虫害及抗旱抗涝能力。

2.3.2 能源化利用技术热点

农业废弃物能源化是其资源化利用的重要途径之一，主要体现为秸秆和畜禽粪便能源化利用。能源化利用的研究热点集中在固化成型技术、直燃技术、热解气化技术、液化技术以及发酵制沼技术等方面。

（1）固化成型燃料制备方面　主要涉及对生物质原料（如植物生物质、动物生物质和城市垃圾生物质）进行加工，经过烘干、粉碎、搅拌、混合制成原料，按照一定的比例在压力条件下热解液化，再将产物进行闪蒸、过滤、蒸馏、干燥得到固体燃料

（主要是压块和颗粒）的设备、工艺和技术。

（2）农业废弃物直燃方面　主要涉及直燃炉、燃烧器等设备的研发与改良，提高燃烧效率是其主要的技术点，技术目的主要是供热与炭化等。

（3）热解气化方面　主要涉及热解气化炉的设计与工艺，提高热解效率、副产品收集利用、环保等是其中的主要技术点，主要的配套装置有控制系统（如控温、控气等）、冷凝装置、除烟装置、除尘装置、烘干装置、点火装置等。

（4）液化方面　主要涉及以生产醇类、酮类、烷烃类物质的方法、工艺和设备，可用于工业化商业化生产。

（5）能源化制沼方面　主要涉及有关秸秆沼气发酵的工艺、方法、设备、装置的研发，提出了沼气池的构建、沼气原料的制备、发酵装置、发酵工艺以及多种物质耦合发酵等工艺、设备和方法，以提高甲烷产出率。其中，畜禽养殖舍的环保建造技术、秸秆和（或）畜禽粪污发酵装置是制沼利用的两个热点。环保养殖舍的建造技术主要包括发酵床设计，畜禽粪便清理装置、粪尿分离装置、污水处理设备、制沼装置等，其目的在于减少粪污的产生、便于收集与制沼。在制沼工艺上可分为干式和湿式厌氧发酵工艺；在发酵罐的设计上，技术点主要有发酵菌的选择、固液两段厌氧发酵、设置脱硫剂层、沼液回流系统、连续发酵、搅拌装置、降解粪便中抗生素及重金属的装置等。

2.3.3　原料化利用技术热点

农业废弃物原料化利用的研究热点集中在利用农作物秸秆中富含的纤维素制作纸浆和木塑材料。

在纸浆制造过程中根据是否使用化学品，可分为3类技术：第一种是使用化学品对秸秆进行处理，制浆效率高，但产品安全性是一个值得关注的问题。如以全棉秸秆为原料，采用弱酸性亚铵化机浆制浆工艺制作高强瓦楞纸的方法。第二种是不使用化学品，而只是进行浸泡、撕扯、碾压等进行处理，这类技术效率低，但产品安全性高。如利用玉米秸秆原料制备本色包装纸板配抄用浆的方法。第三种是生物制浆技术，采用微生物（如金孢展齿革菌等）降解木质素的方法生产纸浆，能耗少，成本低，原料涉及麦草、稻草、烟秆、芦苇、甘蔗渣、木材、竹子等，生产出的纸品无任何化学毒素，对人及环境健康有益。

木塑复合材料是利用富含纤维素的农业废弃物与塑料，经过一定的加工工艺制作而成，具有木质和塑料的双重特性，广泛用于餐具、板材等。如木糖渣在制备木塑材料中的应用，利用稻草、稻壳和三聚氰胺树脂、低浓度聚乙烯等制作木塑复合材料。近年来，随着环保要求的不断提高，一些新技术也应用到复合材料生产技术中，如可降解环保材料、抗菌型木塑复合材料、纳米负离子木塑、生物质增强的聚乳酸复合材料等。

除此之外，农作物秸秆还有3个新的利用方向，一是制备成纳米纤维丝，添加到纸浆中，以增强再生纸浆的韧性；二是制备营养育秧纸，可取代传统的营养育秧土或基质育秧，解决土传病害或基质发酵不均所带来的问题；三是以农作物秸秆为原料之一生产可降解包装膜或地膜。

2.3.4 饲料化利用技术热点

饲料化利用是农业废弃物利用的重要途径之一。近年来的技术热点主要集中在四个方向。

（1）利用农业废弃物（如豆类秸秆、麦秸、谷糠等）及其加工废弃物（豆饼、番茄渣、棉籽饼等），按一定比例混合，添加其他营养成分，制作畜禽专用饲料。如根据蛋鸡的生活习性和生理特点，以皇竹草为主料，搭配玉米秸秆、紫花苜蓿、菊苣、狼尾草、玉米、小麦、豆饼、菜籽饼、麸皮、贝壳粉、骨粉、复合矿物质、维生素等制作产蛋期蛋禽专用颗粒饲料。

（2）利用微生物发酵技术将农业废弃物制成生物发酵饲料，如利用平菇菌渣、稻壳、麸皮等农业废弃物，接种植物乳杆菌、枯草芽孢杆菌和酿酒酵母混合发酵，制成固体生物发酵饲料。

（3）随着近年来动物福利与健康养殖的需求，含微量元素、炭黑的饲料配方，或抗病（提高免疫力）、富硒、环保无污染饲料配方也逐渐增多。如提高抵抗力的蛋鸡饲料及其制备方法、含微量元素的草鱼饲料、环保无污染的草鱼饲料配方及生产工艺等，这些饲料配方为畜禽产品质量安全与品质提升、畜禽养殖的环境健康提供了技术保障。

（4）农业废弃物的预处理也是近年来的热点之一，包括发酵酶制剂的配制、秸秆快速降解的菌剂及制备方法等，主要涉及的酶及微生物有乳杆菌、枯草芽孢杆菌、嗜热裂孢菌、短小芽孢杆菌、酿酒酵母、活化乳酸菌、纤维素酶、淀粉酶等。

2.3.5 基料化利用技术热点

农业废弃物基料化利用的技术热点主要集中在制作食用菌栽培基质。其关键技术在于根据不同的食用菌种类将不同的农业废弃物按照一定的比例调配在一起，加上一些必要的辅料，配成食用菌栽培基质。农业废弃物基本上都可以用作食用菌栽培基质的原料，常见的有稻草、甘蔗叶、玉米芯、农产品加工副产品（如棉籽壳、甘蔗渣、麸皮、米糠、木薯渣、油葵饼粕、油茶籽壳等），以及树木枝条（如桑树枝条、杉树枝条、板栗枝条等）、木屑（杂木屑、锯末等），也有添加动物类废弃物的技术方法，如牛粪、鸡粪、废垫料等。从专利数据来看，所涉及的食用菌主要有草菇、香菇、平菇、双孢菇、凤尾菇、鸡腿菇、木耳、猪苓等。

而食用菌栽培的废料，如废弃菌菇、废弃菌棒等的再利用方向主要有育苗基质和食用菌栽培基质的制备。菌糠回收再利用技术还包括将菌糠及农林废弃物（秸秆、玉米芯、甘蔗渣、稻草等）转为菌丝体复合材料，制作轻质包装材料。

从专利数据来看，相比较而言，农业废弃物资源化利用中，农作物秸秆、畜禽粪污的利用技术较多，而农膜的回收与利用技术较少，只有农膜回收机、除杂机、秸秆分离残膜捡拾回收一体机等，但为了解决传统农膜的降解难题，出现了利用农作物秸秆（如稻草、棉秆、麦秸、菠萝叶、木薯茎秆、橘子皮、甘蔗渣等）生产可降解地膜的技术方向，如大麦秆环保生物羟甲基纤维素光催化复合膜及其制备方法。利用农作物秸秆制作的环保可降解农用纸基地膜，可减少塑料地膜残留对耕地造成的污染和破坏。

2.4 小结

2.4.1 农业废弃物资源化利用领域近十年发展迅猛，专利申请增长显著

全球农业废弃物资源化利用领域的专利申请大致经历3个发展阶段：1827—1969年（萌芽期）、1970—2005年（缓慢发展期）、2006年至今（快速发展期）。

截至2020年9月30日，全球农业废弃物资源化利用领域专利申请共107 129件，近10年（2009—2018年）的专利申请量占该领域专利申请总量的64%，是该领域发展最为迅猛的时期。从专利申请总体趋势来看，当前农业废弃物资源化利用领域全球专利申请还将保持上升趋势，相关技术仍处于快速发展期。

2.4.2 中国是农业废弃物资源化利用领域最主要的技术来源国和布局市场

截至2020年9月30日，我国在农业废弃物资源化利用领域共提交了73 628件专利申请，是该领域最主要的技术来源国，近10余年来，我国农业废弃物资源化利用领域专利申请量增长显著高于其他国家，相关技术研发非常活跃。我国受理的农业废弃物资源化利用领域专利申请共73 752件，成为全球重要的农业废弃物资源化利用市场。与美国、韩国和日本等国相比，从申请总量和年度申请趋势来看，中国近10年来在该领域的技术研发非常活跃，而美国、韩国和日本呈现较为稳定的态势。

2.4.3 全球农业废弃物资源化利用领域技术处于研发与产业化并行阶段，中国在产业化方面还有较大提升空间

全球农业废弃物资源化利用领域专利申请排名前十位的申请人包括2家企业和8家高校及科研机构，我国该领域的专利申请主要来自农林类高校和科研机构，涉农企业的技术创新热情也逐渐提升，但与相关科研机构和高校相比，在技术研发规模和专利申请量上尚有差距。虽然在TOP10机构中高校及科研机构仍占较大份额，但已出现实力强劲的企业，如美国的希乐克公司（XYLECO INC）以1 467件专利申请排名第一，在专利申请规模以及先进性上都具有显著优势，表明当前该领域已进入研发与产业化并行阶段，美国、日本等国产业化程度更高，中国在产业化方面还有较大提升空间。

2.4.4 农业废弃物资源化利用领域技术热点内容广泛，秸秆和畜禽粪污是最主要的研究对象，肥料化利用是主流利用途径

全球秸秆和畜禽粪污资源化利用领域的专利申请分别为58 187件和45 813件，占全

球农业废弃物资源化利用领域专利申请总量的54%和42%，秸秆和畜禽粪污是全球农业废弃物资源化利用领域技术研发的热点研究对象。全球农业废弃物资源化利用领域的技术热点主要集中在肥料化利用技术、能源化利用技术、原料化利用技术、饲料化利用技术、基料化利用技术等五个方面。秸秆肥料化和饲料化利用是秸秆资源化利用的主导利用方式，秸秆能源化利用和原料化利用是重要辅助方式，也是未来研究的重点方向；畜禽粪污资源化利用领域则以肥料化利用为主导，无害化和能源化利用为重要补充。

2.4.5 我国本土机构在农业废弃物资源化利用领域的技术研发非常活跃，但技术输出及全球化布局有待加强

我国农业废弃物资源化利用技术研发虽不及国外早，但经历萌芽期（1985—2005年）、缓慢发展期（2006—2010年）和快速发展期（2011年至今）3个阶段后，目前相关技术进入快速发展期。该领域在华专利申请以本国申请为主，来华申请主要来自美国、日本、韩国、德国、加拿大、丹麦和法国，占比不到1%。就我国市场来看，本国申请人基本占据全部国内市场份额。安徽、江苏和山东是我国该领域的主要技术来源省市，其专利申请约占本国申请的1/3。

中国该领域约99%的专利为在华申请，向国外提交的专利申请少于受理的国外专利申请，而美国向国外提交的专利申请达3 957件，占其申请总量的66%，其受理的国外专利申请仅为729件，是典型的技术输出国。

2.4.6 国内外在农业废弃物资源化利用领域的技术布局存在差异

国内外在该领域的技术研发各有侧重。中国在秸秆资源化利用领域的专利申请最多，国外在畜禽粪污资源化利用方面的专利申请最多；在秸秆资源化利用领域，中国主要聚焦于肥料化利用技术的研发，而国外则更加注重以原料化利用技术为代表的高值化利用技术的研发；在畜禽粪污资源化利用领域，国内外均以肥料化利用技术的研发为主，但国外更加注重肥料化、能源化技术和无害化技术的均衡发展。

在华申请中，我国本土申请主要集中在秸秆资源化利用领域，而国外来华申请则以畜禽粪污资源化利用领域为主；在秸秆资源化利用方面，我国本土技术研发主要集中在肥料化利用领域，而国外来华申请则重点开展以原料化利用和能源化利用为代表的高值化利用技术的研发与布局；在畜禽粪污资源化利用方面，我国本土申请以肥料化利用为主导，国外来华申请则重点布局能源化利用领域。

2.4.7 全球农业废弃物资源化利用领域技术热点

（1）肥料化利用　秸秆直接还田、制作有机肥、复合肥和新型增值肥料。

（2）能源化利用　固化成型技术、直燃技术、热解气化技术、液化技术以及发酵制沼技术等方面。

（3）原料化利用　利用农业作物秸秆中富含的纤维素制作纸浆和木塑材料。

（4）饲料化利用　利用农业废弃物制作畜禽专用饲料；利用微生物发酵技术将农业废弃物制成生物发酵饲料；多功能、无污染饲料配方的研究。

（5）基料化利用　用作食用菌栽培基质。

3 秸秆能源化利用技术专利分析

随着我国种植技术的进步和粮食需求的上涨,秸秆产量迅速增加,2018年,我国农作物秸秆年产量超过10亿吨,秸秆处理压力不断上升。农作物秸秆作为生物质能资源的主要来源之一,秸秆生物质是唯一能参与运储的可再生资源,其年产量超过全球生物质总量的90%,具有巨大的能源潜力,合理利用秸秆生物质有助于构建清洁低碳的能源体系。本章全面分析秸秆能源化利用技术相关专利,包括全球专利申请态势及技术分布、技术热点、技术发展路线和重点专利等,有助于了解该技术发展和专利布局情况,从专利视角梳理秸秆能源化利用技术演进与变迁,明晰我国秸秆能源化利用技术布局以及与国外的技术发展差异,以期为我国秸秆能源化利用技术发展提供参考与借鉴。截至2020年9月30日,检索并经去噪得到秸秆能源化利用技术全球专利申请共9 481件。

3.1 全球专利布局态势分析

3.1.1 技术生命周期

根据技术生命周期理论,通常技术起始期专利申请数量和申请人数量均比较少;技术发展期很多企业进入该领域,专利申请量不断增长,申请人数量也不断增加;技术平稳期申请人数量比较稳定,专利申请量不再增长或有所回落;技术衰退期很多企业退出该领域,专利申请人和专利申请量都有所减少。从图3-1中可以看出,1900—1979年属于技术起始期,秸秆能源化专利申请量和专利申请人数量均较少,均只有个位数;1980—2010年属于第一技术发展期,1980年专利申请人数量和专利申请量均超过50人(件),之后每年的专利申请人数量和专利申请量基本都在50以内的范围波动,到2001年,专利申请人数量和专利申请量再次突破50人(件),并于2005年两者数量均突破100人(件),之后每年专利申请量和专利申请人数量均显著增加,专利申请量年平均增长率约33%,专利申请人数量年平均增长率约26%,这一增长趋势一直持续到2009年。2010年,相关专利申请量和专利申请人数量开始减少;2011—2013年进入短暂平稳期,相关专利申请量和专利申请人数量基本稳定在400余件和300余人;2014年至今,属于第二技术发展期,相关专利申请量和专利申请人数量呈持续增长趋势，专利申请量和专利申请人数量的年平均增长率分别为 14% 和 11%，就目前趋势来，该领域仍处于第二技术发展期。

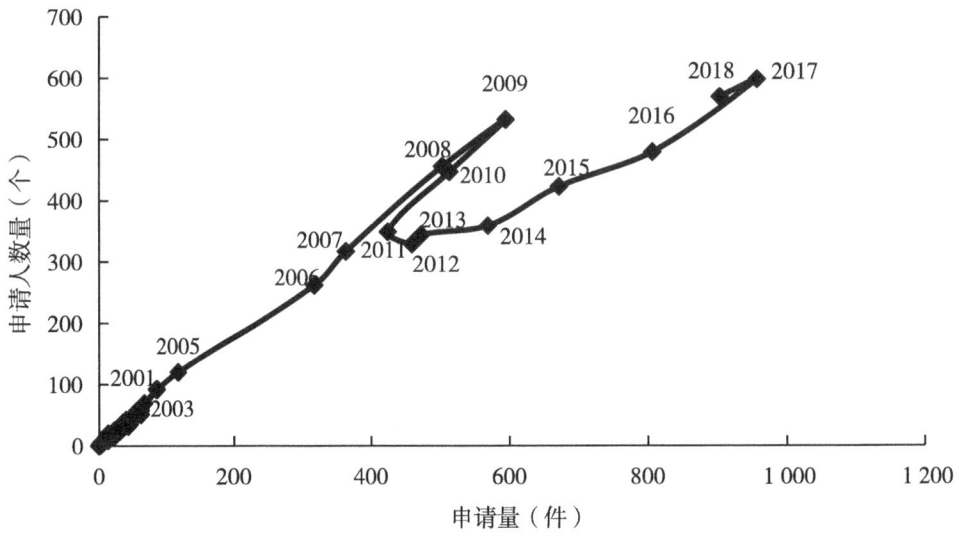

图 3-1 秸秆能源化利用全球专利技术生命周期

3.1.2 年度申请趋势

全球秸秆能源化利用领域的专利申请大致经历了 4 个发展阶段：1900—1979 年（萌芽期）、1980—2000 年（缓慢发展期）、2001—2010 年（第一快速发展期）、2011 年至今（第二快速发展期）。

全球秸秆能源化利用技术研发最早可以追溯到 1900 年，是由个人申请人申请的用于制造秸秆和泥炭燃料的机器和秸秆燃烧炉，之后很长一段时间相关技术发展缓慢，每年的专利申请量不超过 10 件，整个领域处于技术萌芽期。直到 1980 年，秸秆直燃技术、固化成型燃料技术、热解气化技术、发酵制沼技术相关的专利申请逐渐出现，从 1980 年到 2000 年的这段时期，每年的专利申请量在 40~50 件，秸秆直燃技术、热解气化技术和固化成型技术相关的专利申请逐渐积累。2001—2004 年，该领域年均专利申请量达到 70 余件，仍主要集中在秸秆直燃技术、热解气化技术和固化成型燃料技术方面，呈缓慢发展态势。2005 年相关专利申请突破百件，之后呈现逐年递增趋势，2005—2010 年，年均专利申请量约 400 余件，专利申请量年平均增长率约 45%，该领域技术发展进入快速发展期，在此期间，热解气化技术发展较快，相关专利申请保持高位状态，专利申请总量达 900 余件；固化成型燃料技术和直燃技术也呈现快速发展态势，专利申请总量均达 400 余件；此外，液化技术起始于 1923 年，发酵制沼技术起始于 1930 年，这两项技术也得到了进一步发展，相关专利申请逐渐积累。2010 年和 2011 年专利申请出现短暂回落，之后 2012—2018 年该领域专利申请呈现快速上涨趋势，进入第二快速发展时期，这一时期，固化成型燃料技术发展较快，相关专利申请总量约 1 500 件，发酵制沼技术、热解气化技术和直燃技术发展次之,相关专利申请总量在1 000件上下,与其他技术相比,液化技术发展相对较慢,相关专利申请总量约500件。

从专利申请总体趋势来看,秸秆能源化利用领域专利申请还将保持较高增长速率,该领域具有较大潜力和市场前景(图3-2)。

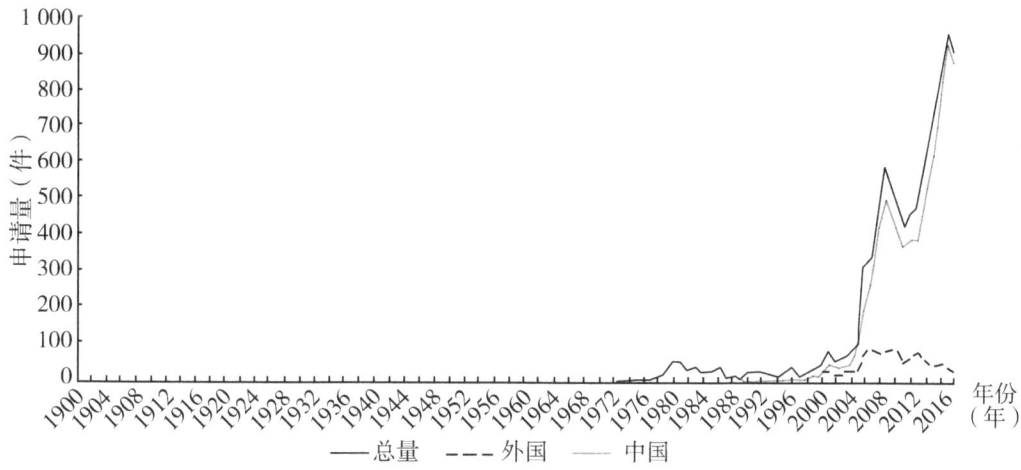

图3-2 秸秆能源化利用技术全球专利年度申请趋势

比较国内外秸秆能源化利用技术专利年度申请趋势,国外秸秆能源化利用技术发展大致经历:萌芽期(1900—1973年)、第一发展期(1974—1999年)、第二发展期(2000年至今)。外国秸秆能源化利用技术研发起源较早,最早的专利申请出现在1900年,但在这之后的很长时间内,相关专利申请断断续续,相关技术发展处于萌芽期。受20世纪70年代世界能源危机的影响,1974年之后,秸秆能源化利用技术进入第一发展期,相关专利申请逐渐呈现连续性缓慢增加趋势,这期间国外秸秆能源化利用技术以固化成型技术和直燃技术作为主要发展技术。进入21世纪后,随着国际石油价格的不断攀升以及《京都议定书》的生效,生物质能的发展得到世界许多国家的广泛关注,成为国际可再生能源领域的热点[72],期间,美国相继出台了《生物质研究法》《美国创造就业法案》《国家能源政策法案》《能源自主和安全法案》等一系列促进生物质能产业发展的相关政策法规,欧盟也为促进生物质能产业发展相继颁布了《促进可再生能源发电指令》《生物燃料条例》《能源税指令》(EC 2003/96)《欧盟生物燃料战略》等一系列的政策法规和指令性文件,在这些政策的推动下,国外秸秆能源化技术发展进入第二发展期,这一期间相关技术以固化成型和液化技术为主,以纤维素乙醇、生物柴油为代表的液化技术逐渐成为国外秸秆能源化重点研发方向。

中国秸秆能源化利用技术发展历经萌芽期(2000年之前)、缓慢发展期(2000—2005年)、第一快速发展期(2006—2010年)和第二快速发展期(2011年至今)。中国秸秆能源化利用技术最早的专利申请出现在1985年,在2000年之前的20余年间,每年的专利申请量为10余件,相关技术发展处于萌芽期;2000—2005年相关专利申请开始缓慢增加，相关技术发展处于缓慢发展期；在2006年之后，随着《中华人民共和国可再生资源法》的施行以及《关于加快推进农作物秸秆综合利用的意见》《可再生能源中长期发展规划》的出台，以秸秆热解气化、直燃和固化成型为主的秸秆能源化利用技术的专利申请迅速增加，到2009年相关专利申请量突破501件，秸秆能源化利用技术进入第一快速发展期；2011年之后，随着《"十二五"农作物秸秆综合利用实施方案》《秸秆综合利用技术目录（2014）》《关于推介发布秸秆"五料化"利用技术的通知》《关于编制"十三五"秸秆综合利用实施方案的指导意见》《生物质能源发展"十二五"规划》[73]《生物质能源发展"十三五"规划》[74]等一系列推进秸秆资源化利用和生物质能发展的政策和规划的出台，秸秆固化成型技术、秸秆发酵制沼技术和秸秆热解气化技术相关专利申请快速增加，秸秆能源化利用技术进入第二快速发展期。

3.1.3 主要技术来源国

3.1.3.1 专利申请量分析

通过对专利优先权国的分析，可以看出秸秆能源化利用技术领域的主要技术来源国。由图3-3可见，该领域的专利申请主要来自中国，在该领域申请专利7 749件，占本领域专利申请总量的81.7%。德国和美国分别位列排名第二位和第三位，专利申请量分别为320件和272件，德国主要专利申请人包括HERLT CHRISTIAN、MEISSNER、JAN A和西门子公司，美国主要专利申请人包括希乐克公司（XYLECO INC）、波特研究公司（POET RESEARCH INC）。从专利申请规模来看，中国在秸秆能源化利用技术研发方面优势显著。

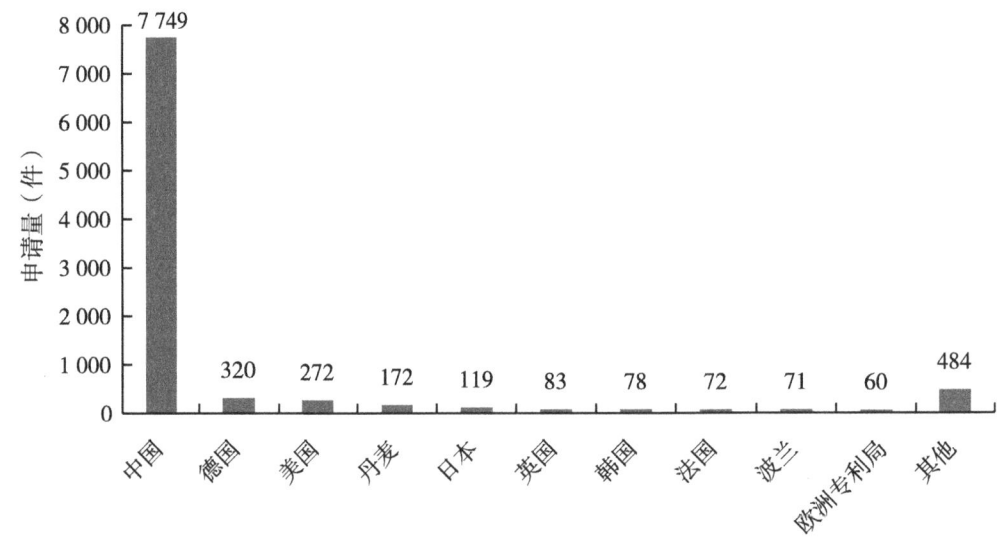

图3-3 秸秆能源化利用技术专利优先权国（地区）分布

3.1.3.2 专利申请趋势分析

对主要技术来源国的专利申请趋势进行分析，可见2001以来该领域专利申请量的快速增长主要源自中国专利申请的快速增加，2001年之后，来自中国申请人的专利申请比重均超过半数以上，并呈现逐年递增的趋势，主要申请人包括中国科学院过程工程研究所、农业农村部沼气科学研究所、农业农村部规划设计研究院、河南农业大学等高校及科研院所，以及天紫环保投资控股有限公司、青岛锦绣水源商贸有限公司、永清中希光电科技发展有限公司、北京三聚环保新材料股份有限公司等环保、能源领域的企业。这一申请趋势反映出中国在该领域的技术研发较为活跃（图3-4）。

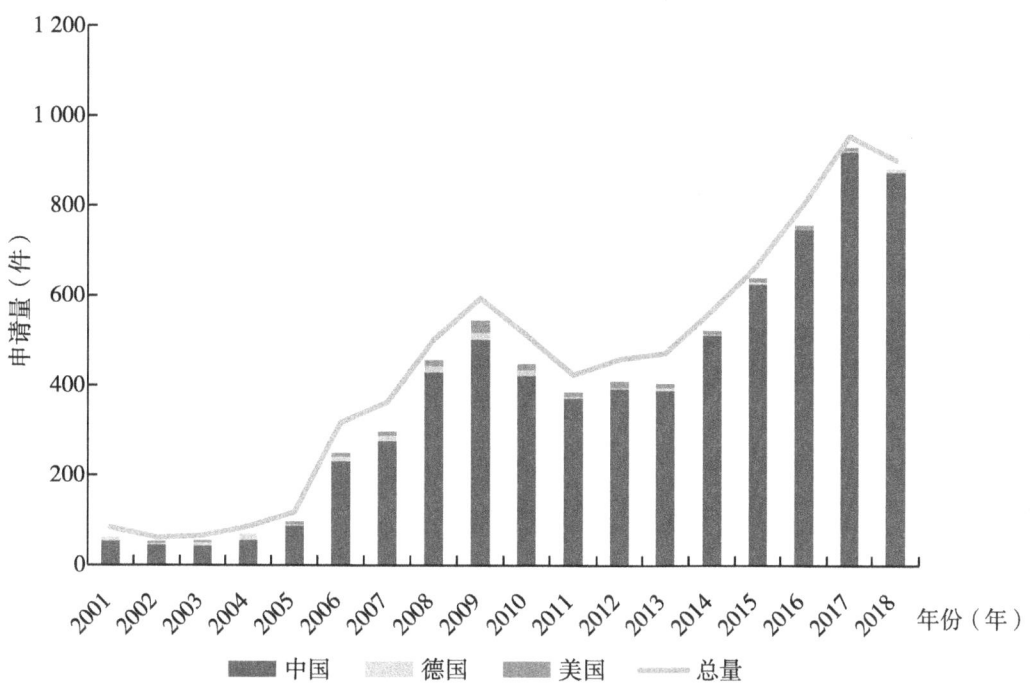

图3-4 秸秆能源化利用技术主要技术来源国专利年度申请趋势

3.1.3.3 专利授权状况分析

由于发明专利需要进行实质审查，只有具备新颖性和创造性的专利申请才会获得授权，因此，授权发明专利占比能在一定程度上反映出专利技术的质量。对主要技术来源国的专利类型进行分析，通过表3-1可以看出，中国在秸秆能源化利用技术的授权专利最多，共4 358件，其中，授权发明专利1 018件，实用新型专利3 340件，实用新型专利占比约2/3，授权发明专利占比约13.14%。其余4个主要技术来源国在专利申请量、授权专利量上虽然与中国有较大差距，但4者的授权发明专利占比均高于我国，其中，美国表现最优，其272件发明专利申请中，半数以上的发明专利获得授权，此外，丹麦和德国的授权发明专利占比也均超过40%。我国秸秆能源化利用技术的专利质量仍有待进一步提升。

表 3-1 秸秆能源化利用技术主要技术来源国专利类型分布

优先权国	专利申请总量/件	授权发明量/件	发明申请量/件	实用新型量/件	授权发明专利占比/%
中国	7 749	1 018	3 391	3 340	13.14
德国	320	130	171	19	40.63
美国	272	142	130	0	52.21
丹麦	172	79	87	6	45.93
日本	119	36	77	6	30.25

3.1.3.4 专利申请人类型分析

不同专利申请人类型的专利申请量分布与产业化程度有一定的相关性，一般来说，企业类专利申请人的专利申请占比较高，反映出其技术产业化程度较高。对主要技术来源国各专利申请人类型的专利申请量进行统计，从企业类申请人所申请专利的占比来看，美国和日本均超过60%，丹麦超过50%，中国不到50%，德国不到40%，美国和日本在秸秆能源化利用领域的产业化程度较高。同时，也可以发现中国的院校（研究所）类申请人占比在5国中最高，体现出高校和科研机构在中国秸秆能源化技术研发中占据着重要地位，中国秸秆能源化利用技术尚处在研发阶段，产业化程度还有待提升（图3-5）。

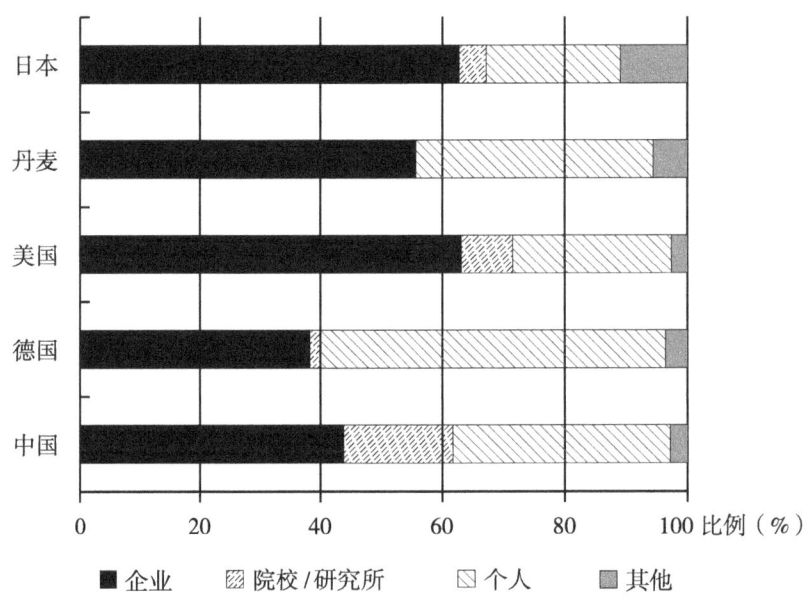

图 3-5 秸秆能源化利用技术主要技术来源国各专利申请人类型的专利申请分布

3.1.4 主要布局区域

图3-6显示了秸秆能源化利用技术全球专利地域分布情况，从图中可以看出，该

领域的专利申请主要集中在中国，占比达 81.6%，这一现象与上述分析中中国来源的专利申请较多有关。其次，德国、美国、欧洲地区和日本也是该领域重要的专利布局区域，均有 100 件以上的专利布局。

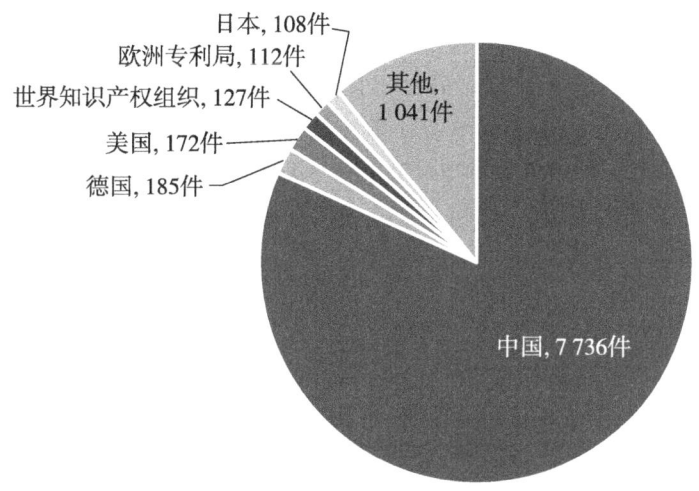

图 3-6　秸秆能源化利用技术专利申请受理局分布

对主要受理局的专利受理趋势进行分析，可见 2001 年以来该领域的专利布局呈现日益集中的趋势，中国专利受理量占比从 64% 增加到 95%，体现出中国市场的技术研发热度和关注度日益攀升（图 3-7）。

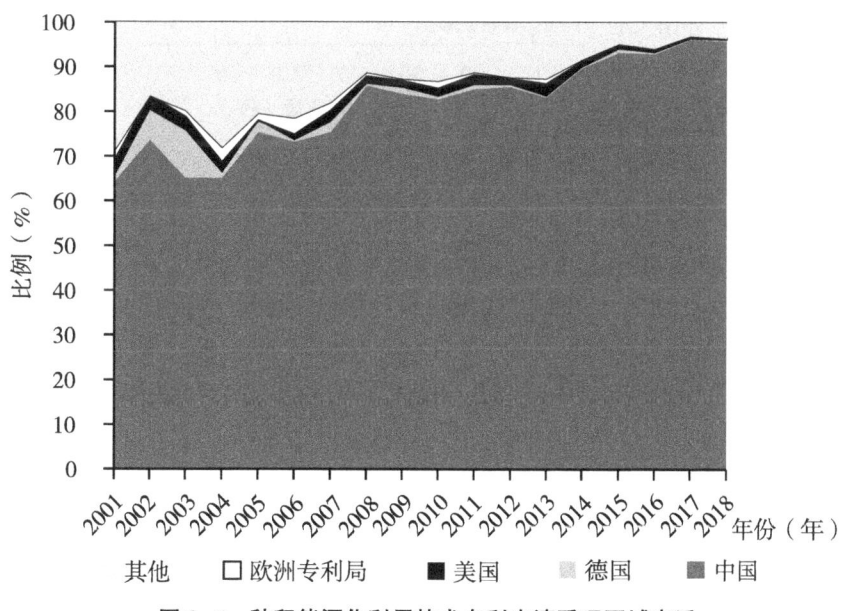

图 3-7　秸秆能源化利用技术专利申请受理区域变迁

3.1.5 主要申请机构

3.1.5.1 专利申请量分析

图 3-8 显示了秸秆能源化利用技术全球专利的申请人分布情况，排名前十的申请人包括 6 家高校及科研机构和 4 家企业，6 家高校及科研机构均来自中国，包括中国科学院、农业农村部规划设计研究院和农业农村部沼气科学研究所、河南农业大学、东南大学和北京化工大学。4 家企业包括 2 家中国公司青岛锦绣水源商贸有限公司和天紫环保投资控股有限公司，1 家美国公司希乐克（XYLECO INC）和 1 家丹麦公司（INBICON）。从申请机构排名来看，我国非常注重秸秆能源化利用领域的技术研发，并形成了以高校和科研机构为主力的研发队伍，此外，企业也逐渐成为该领域重要的创新主体。

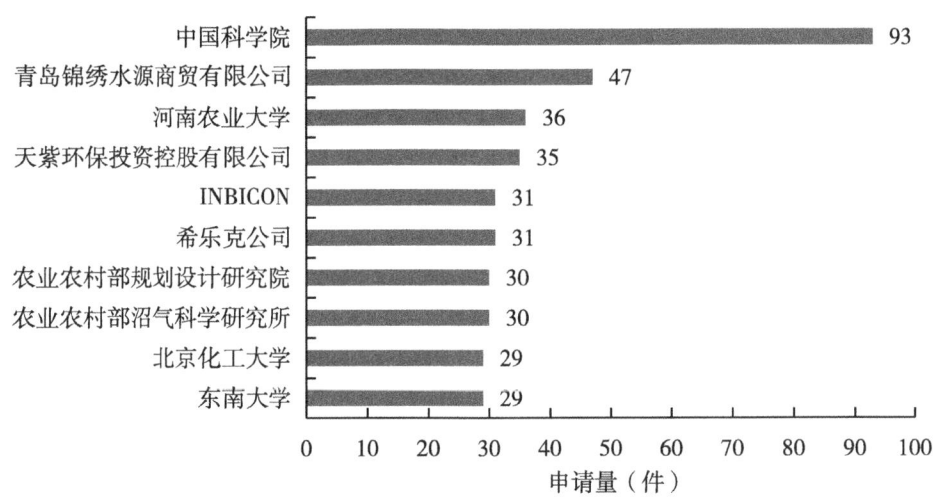

图 3-8 秸秆能源化利用技术 TOP10 专利申请人

3.1.5.2 专利授权状况分析

进一步对 TOP10 专利申请人的专利申请进行专利类型分析，从授权发明专利占比来看，国外申请人高于我国申请人，我国科研机构和高校申请人高于企业申请人（图3-9）。对于发明专利而言，需要经过实质审查，即对其新颖性、创造性进行审查，只有审查合格的专利才会获得授权，因此，授权发明专利占比能在一定程度上反映出某个机构整体专利技术的质量和实际价值。从授权发明专利量占比来看，两家国外企业申请人的专利质量略优于我国申请人，在我国申请人中，高校和科研机构申请人的专利质量优于企业申请人。

3.1.5.3 专利维护状况分析

由于维持专利权需要缴纳专利年费，一般来说专利权人只会对有价值的专利续费，专利有效性及有效专利占比可以一定程度上反映出专利技术的重要性。对 TOP10 专利申请人的专利申请进行法律状态分析，整体来看，我国申请人的失效专利比重偏高，有效专利占比偏低,除中国科学院和北京化工大学外,其余申请人的有效专利占比均不足1/3,我国2家企业申请人虽然有较多的专利申请但目前均处于失效或者审中状态,撤回/驳回及未缴年费是导致失效的主要原因;而两家国外企业的有效专利占比均超过1/3,其中,美国希乐克公司(XYLECO INC)的有效专利占比超过1/2。这一现象一方面暴露出我国"重申请轻维护"的专利保护现状,另一方面也侧面反映出我国秸秆能源技术专利的质量和重要性有待进一步提升和强化(图3-10)。

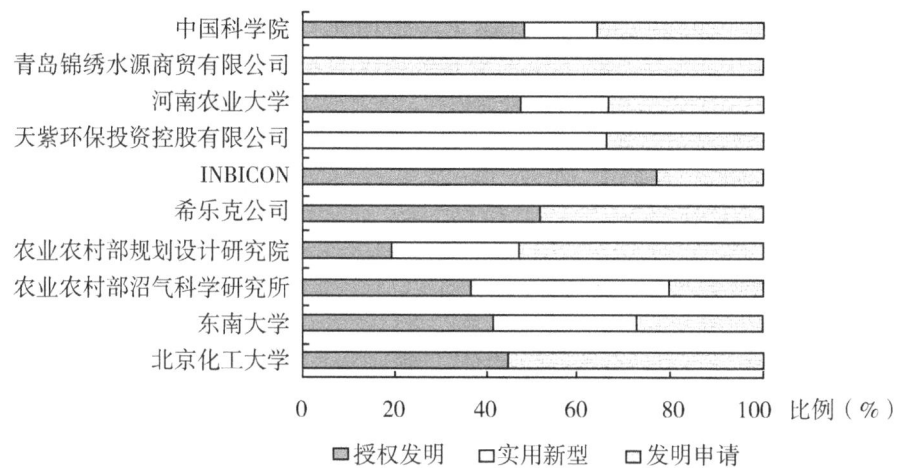

图3-9 秸秆能源化利用技术 TOP10 专利申请人专利类型分布

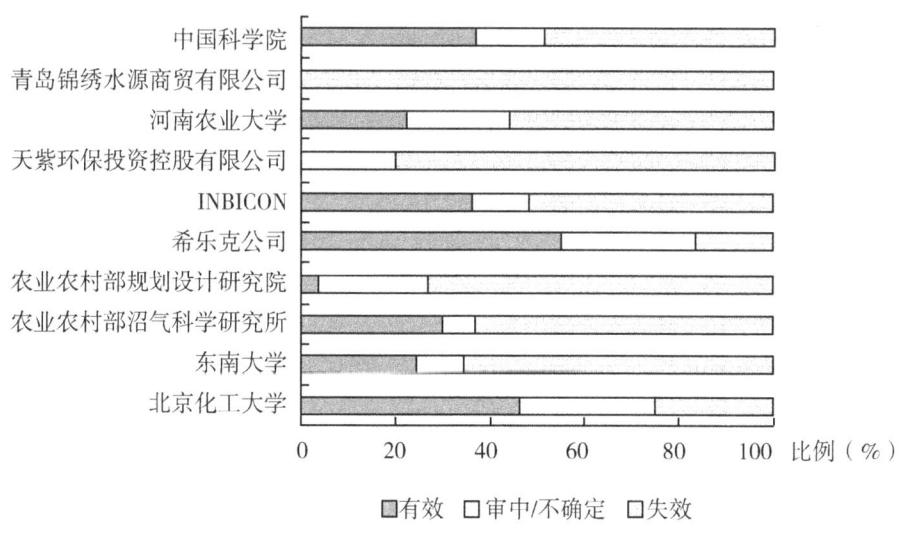

图3-10 秸秆能源化利用技术 TOP10 专利申请人专利法律状态分布

3.1.5.4 授权发明专利排名

图3-11显示了秸秆能源化利用技术授权发明专利量排名 TOP10 机构,包括3家外

国机构和 7 家中国机构，3 家国外机构分别为来自丹麦的 INBICON 公司、丹麦技术大学和来自美国的希乐克公司，7 家中国机构包括 4 所高校（河南农业大学、清华大学、北京化工大学、东南大学）和 2 所科研机构（中国科学院、农业农村部沼气科学研究所）和 1 家企业（北京三聚环保新材料股份有限公司）。

国外机构在秸秆能源化利用技术的研发以秸秆液化技术和热解气化技术为主。丹麦 INBICON 公司和美国希乐克公司聚焦纤维素乙醇技术，丹麦技术大学着重研发秸秆热解气化技术。

我国机构在秸秆能源化利用技术的研发以秸秆液化技术和发酵制沼技术为主。秸秆液化技术研发以中国科学院过程工程研究所和清华大学为代表，发酵制沼技术以河南农业大学、北京化工大学和农业农村部沼气科学研究所为代表。

从授权发明专利量排名来看，我国秸秆能源化利用技术储备主要来自高校和科研院所，仅有一家企业入围该领域 TOP10 专利权人，初步形成了少数创新型龙头企业，产业化程度还有待提升。

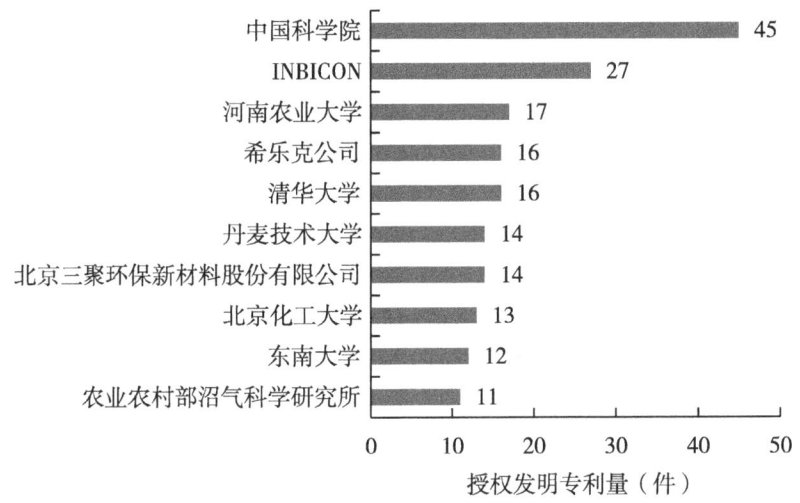

图 3-11 秸秆能源化利用技术授权发明专利 TOP10 专利权人

3.1.6 技术分布

3.1.6.1 总体技术分布

对秸秆能源化利用领域的 9 481 件专利申请根据技术分解表进行三级技术分支标引，图 3-12 显示了该领域全球专利申请的技术分支分布情况。秸秆能源化利用技术的热点技术分支主要集中在秸秆热解气化技术、秸秆固化成型技术和秸秆直燃技术，在这 3 个技术分支均有 2 000 件左右的专利申请，其次，秸秆发酵制沼技术有 1 600 余件的专利申请，秸秆液化技术的专利申请最少，仅有 900 余件。

3.1.6.2 技术发展态势

对主要技术分支进行专利申请年度趋势分析，可见在 20 世纪 80—90 年代秸秆能源化利用技术主要以直燃技术和固化成型技术为主导，两者的专利申请总量在该领域专利申请总量占比超过半数。到90年代末，热解气化技术快速发展，相关专利申请逐渐积累，其专利申请量在该领域专利申请总量的占比约达半数，热解气化技术逐渐成为该领域的热点技术，研究热度一直持续到2010年左右，期间直燃技术和固化成型技术也有较多专利申请，两者专利申请总量约占该领域专利申请总量的1/3，液化技术也呈现缓慢发展态势，相关专利申请也逐渐增加；2010年之后，发酵制沼技术和固化成型技术相关的专利申请逐渐增多，直燃技术和液化技术的专利申请量基本平稳，热解气化技术专利申请量有所回落，5个技术分支呈现较为均衡发展态势（图3-13）。

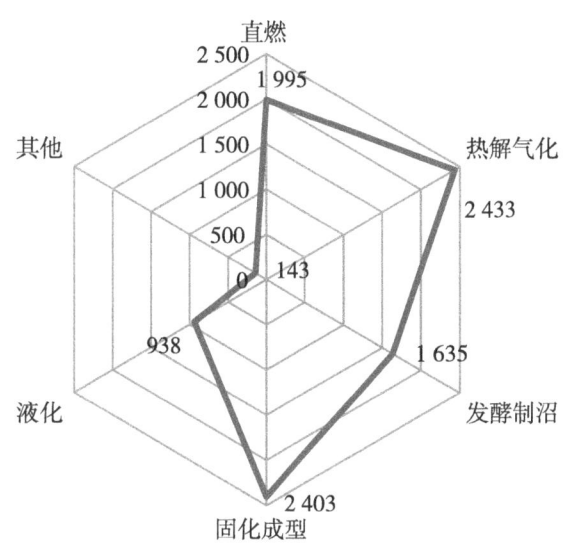

图3-12 秸秆能源化利用技术分支分布

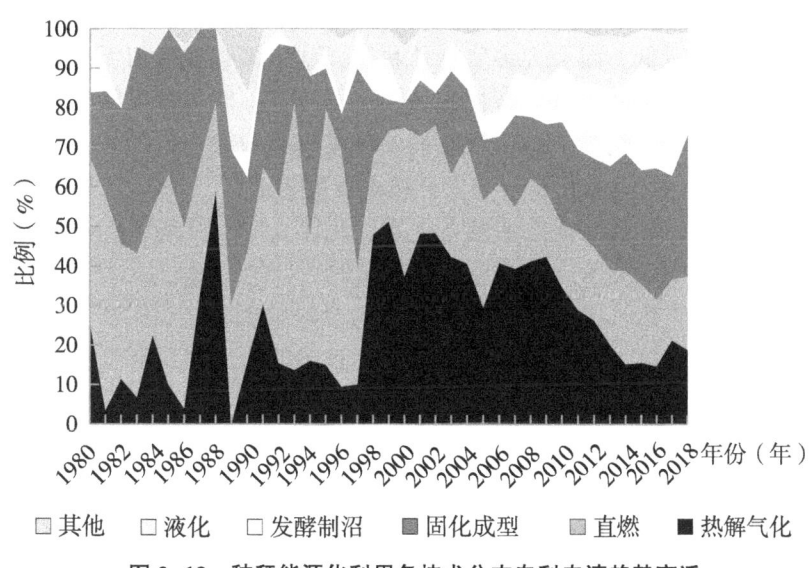

图3-13 秸秆能源化利用各技术分支专利申请趋势变迁

3.1.6.3 国内外技术分布对比

对我国申请人与外国申请人在秸秆能源化利用技术研发的技术分布进行对比分析（图3-14）。我国秸秆能源化利用技术专利申请以热解气化技术和固化成型技术的专利申请居多，专利申请量分别为2 159件和1 889件，占我国该领域专利申请总量的27.9%和24.4%，其次为直燃技术和发酵制沼技术，专利申请量分别为1 534件和1 535件，占我国该领域专利申请总量的19.8%和19.8%。在液化技术的专利申请量最少，为574件，占我国该领域专利申请总量的7.4%。可以看出，我国秸秆能源化利用的技术研发热点集中在固化成型技术和热解气化技术，液化技术的研发热度还不高。

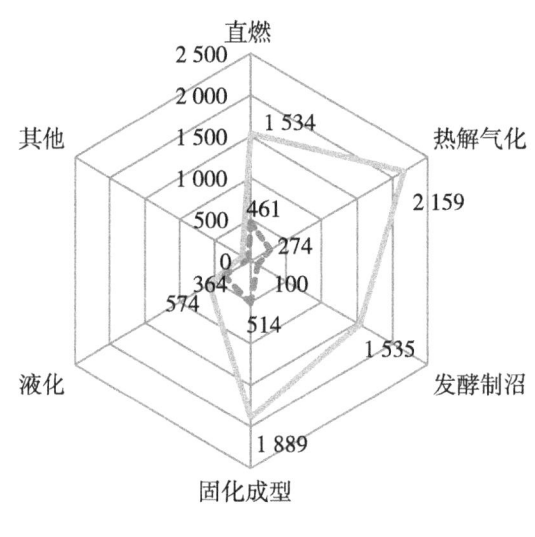

图3-14 国内外秸秆能源化利用技术分支分布对比

由于国外秸秆产量低，而且大多实行休耕制，秸秆多直接还田循环利用，主要利用方式包括秸秆直接还田和秸秆养畜过腹还田，据统计，欧美各国约2/3的秸秆直接还田，约1/5的秸秆用作饲料，最后结余的秸秆废弃物量较少。此外，发达国家已经形成了与秸秆综合利用产业相衔接、与农业技术发展相适宜、与农业产业经营相结合、与农业装备相配套的秸秆收储运技术装备体系，该体系为秸秆离田产业化利用提供了重要保障。目前，丹麦、英国、德国等欧洲国家的秸秆能源化利用比例在20%~50%，其秸秆能源化利用基本进入了产业化阶段。受其原料量供应、现实需求、产业市场规模和发展阶段等因素影响，国外秸秆能源化利用技术的研发热度和规模不及我国，相关专利申请量显著少于我国。通过对外国秸秆能源化利用专利技术进行布局分析，可以看出，以固化成型技术和直燃技术的专利申请最多，专利申请量分别为514件和461件，占国外专利申请总量的29.7%和26.6%。其次为液化技术和热解气化技术，专利申请量分别为364件和274件，占国外专利申请总量的21%和15.8%。发酵制沼技术专利申请量最少，为100件，占国外专利申请总量的5.8%。可见，国外秸秆能源化利用的技术研发热点集中在固化成型技术和直燃技术，与我国明显不同的是，其对液化技术的研发热度较高。

3.1.6.4 国内外技术发展趋势对比

对国内外主要技术分支专利申请年度趋势进行对比分析（图 3-15 和图 3-16）。在 1980 年至今的 30 余年间，外国秸秆能源化利用技术经过了以固化成型技术和直燃技术为主转向以固化成型技术和液化技术为主的发展历程。

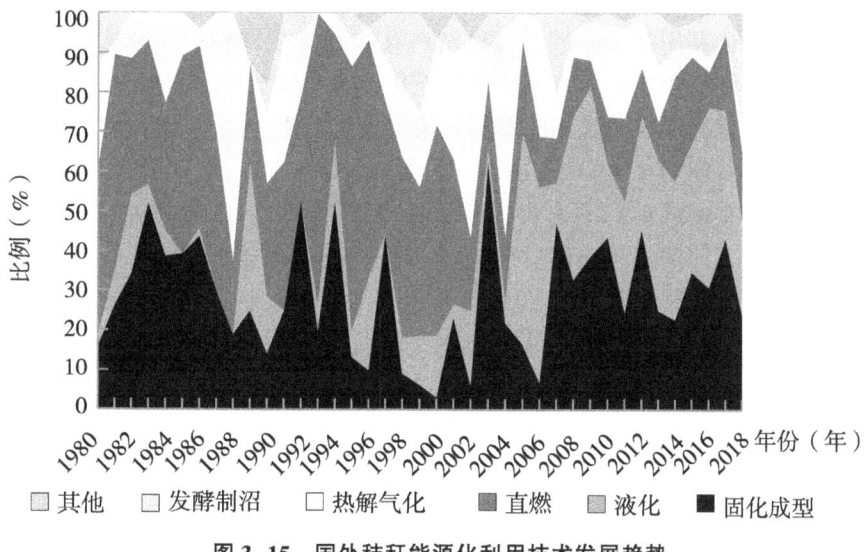

图 3-15 国外秸秆能源化利用技术发展趋势

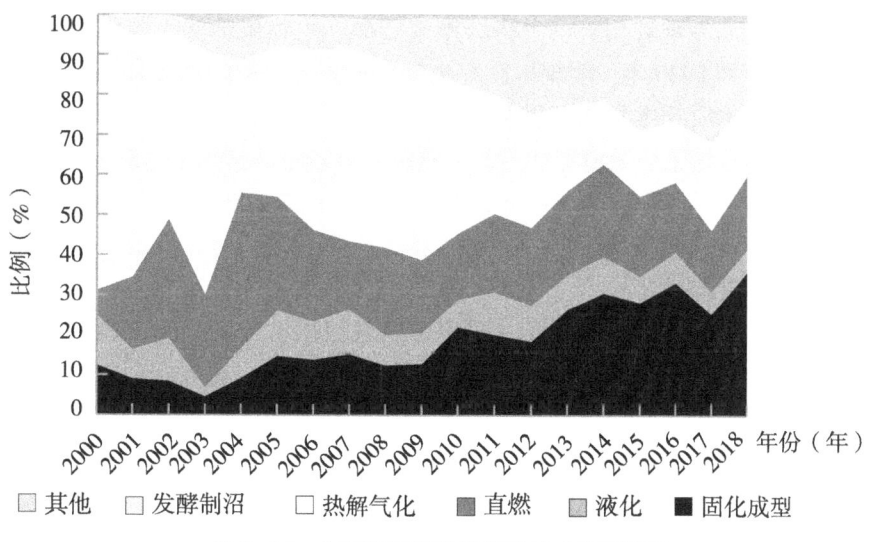

图 3-16 中国秸秆能源化利用技术发展趋势

固化成型技术是外国秸秆能源化利用技术中发展延续性较好的技术，1980 年以来至今，每年均有固化成型技术相关的专利申请，其在同期秸秆能源化利用技术专利申请总量中的占比均值约 29%，内容涉及秸秆压块成型方法、装置及工艺。直燃技术在 21 世纪之前是外国秸秆能源化利用技术的主要技术分支,在同期秸秆能源化利用技术专利申请总量中的占比均值约41%,主要专利申请来自德国和丹麦,内容涉及生物质锅炉等秸秆燃烧装置;进入21世纪之后,液化逐渐开始发展,逐渐替代直燃技术成为继固化成型技术之后的主要秸秆能源化利用技术,这期间生物质能发展得到世界各国的广泛关注,美欧等发达国家相继出台了一系列促进生物质能研发及产业发展的相关政策法规,以纤维素乙醇为代表的液化技术逐渐成为外国秸秆能源化利用技术的研发重点。

我国秸秆能源化利用技术经过了以热解气化技术为主转向以固化成型技术和发酵制沼技术为主,热解气化技术、直燃技术和液化技术并行发展的历程。

我国秸秆能源化利用技术最早的专利申请出现于1985年,但相关技术进入21世纪后才开始进入缓慢发展期,2000—2010年,尤其是2006年之后,随着《关于加快推进农作物秸秆综合利用的意见》的出台,以秸秆为原料的生物质能研究与发展得到国内业界的广泛关注,在此期间,热解气化技术相关专利申请显著增加,内容涉及秸秆气化炉及相关配套设备、气化发电工艺及设备、气化供暖设备、气化净化装置、油气分离装置、供气系统、自动控制装置等。2011年之后,《"十二五"农作物秸秆综合利用实施方案》中明确提出"十二五"期间,大力发展秸秆沼气、秸秆固化成型燃料,在该政策引导下,发酵制沼技术和固化成型技术专利申请逐渐增加,两项技术得到了进一步发展。2016年发布的《"十三五"秸秆综合利用实施方案的指导意见》中提出,要积极推广秸秆生物气化、热解气化、固化成型、炭化、直燃发电等技术;《生物质能发展"十三五"规划》中提出,推动生物天然气规模化发展、积极发展生物质成型燃料供热、稳步发展生物质发电、加强纤维素等原料生产生物液体燃料技术研发;《"十三五"生物技术创新专项规划》[75]中将纤维素乙醇、生物柴油等生物能源列为重点发展领域,提出力争到2020年,实现以废弃生物质资源为原料的能源补充替代和改善生态环境,重点提升木质纤维素制备燃料、玉米和秸秆燃料乙醇、秸秆和畜禽粪污制备沼气以及生物柴油等绿色能源制造能力。在这一系列政策的推动下,5项秸秆能源化利用技术的专利申请均呈现平稳增长趋势,形成了以固化成型技术和发酵制沼技术为主,其他3种技术并行发展的态势。

3.1.6.5 主要国家技术布局

对秸秆能源化利用技术专利主要专利申请国进行技术分支分析(图3-17),中国在热解气化、固化成型、发酵制沼和直燃4个技术分支均有较多专利申请,在液化技术的专利申请相对较少;而美国则侧重于秸秆液化技术的研发,在秸秆液化技术的专利申请占到全部申请量的56.9%。

3.1.6.6 我国秸秆液化技术研发现状

我国秸秆液化技术专利申请人主要包括中国科学院过程控制研究所、清华大学、北京三聚环保新材料股份有限公司和安徽丰原发酵技术工程研究有限公司等机构,相关专利内容主要涉及秸秆制备乙醇(丁醇)技术、秸秆制备生物油技术。在秸秆制备乙醇/丁醇技术领域,以中国科学院过程控制研究所陈洪章团队和清华大学李十中团队为代表;在秸秆制备生物油技术领域,以北京三聚环保新材料股份有限公司为代表。

3 秸秆能源化利用技术专利分析

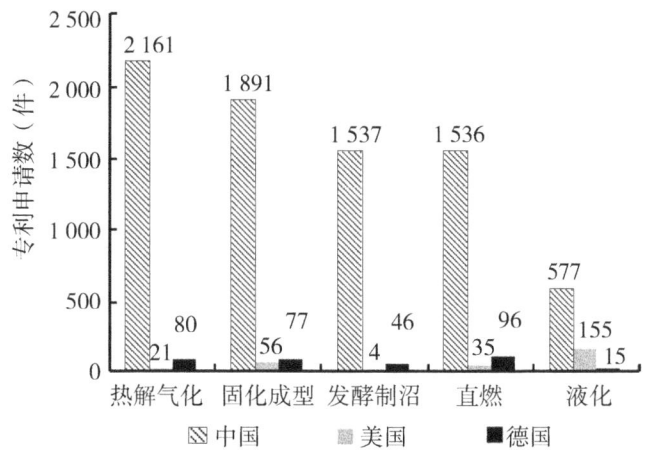

图3-17 秸秆能源化利用技术专利TOP3技术来源国的技术分支分布

——中国科学院过程控制研究所陈洪章团队

该团队围绕秸秆液化技术申请了25件发明专利,其中,18件获得授权,内容从秸秆预处理、酶解、发酵等工序进行了技术研发和改进。

(1)多种预处理方法联用提高秸秆纤维素酶解效率 目前,秸秆的预处理方法大致分为3类:物理法、化学法和生物法。物理法包括研磨、粉碎、高温、高压蒸煮、爆破、微波、辐射处理等,化学法包括酸、碱、有机溶剂法,生物法主要是微生物法和酶法。通过原料预处理能够破坏木质素的屏蔽作用、改变纤维素的晶体结构、提高木质纤维原料的可及度,是有效提高纤维素酶解效率的手段。陈洪章团队研发的预处理方法主要包括汽爆、蒸汽爆破与碱性双氧水氧化耦合处理、漆酶协同酶解和稀酸水解。

CN1117835C(2000年)涉及一种乙醇溶解汽爆秸秆木质素制备液体燃料的方法,以汽爆秸秆为原料,在高压反应釜中,用乙醇萃取汽爆秸秆中的木质素;再用真空抽滤得滤液,并将汽爆秸秆滤渣进行同步糖化固态发酵乙醇,乙醇萃取液及真空抽滤所得滤液即为分发明方法制备的液体燃料,该方法简便、经济有效,生产过程中,不需蒸出乙醇,可实现秸秆木质素生物量的全利用。

CN100999739B(2006年)涉及蒸汽爆破与碱性双氧水氧化耦合处理秸秆的方法,具体方法包括将秸秆进行汽爆和干燥处理,再经碱性双氧水溶液在30~40℃下处理12~36小时;过滤后所得秸秆残渣干燥后,在pH值4.8的缓冲液中用纤维素酶按10~20IU/g底物,在固液比为(1:5)~(1:6),温度为40~50℃下酶解48~72小时,其酶解液糖浓度可达104.68~110.97克/升。该方法通过将秸秆进行汽爆处理,使其中的部分半纤维素与少量木质素被破坏,再经碱性双氧水氧化,可进一步破坏部分半纤维素以及大量木质素,从而提高了秸秆中的纤维素含量,酶解液糖浓度可高达100克/升以上。

CN101463367B(2007年)涉及一种利用漆酶协同纤维素酶提高汽爆秸秆酶解发酵效率的方法,通过漆酶能够选择性脱除、降解木质素,而不会破坏纤维素,从而提高了纤维素水解效率,减少了纤维素酶用量,降低了酶解发酵成本。

CN101942382B（2009年）内容涉及通过稀酸在水解罐将秸秆中的半纤维素全部降解为以木糖为主的五碳糖并回收水解过程所产生的糠醛，五碳糖液通过电渗析和离子交换回收糖液中的糠醛和有机酸后添加部分营养物发酵得到丁醇等总溶剂，经蒸馏后可得到生物丁醇。

（2）优化酶解工艺提高糖化效率　由于汽爆秸秆等纤维素原料不同于一般的粒状固态发酵原料，在酶解、发酵中采用动态方式比较困难。因此，目前国内外的技术研发基本上是采用静置恒温酶解、发酵的方式进行。陈洪章团队突破了目前世界上汽爆秸秆仅在静态条件下酶解、发酵的观念束缚，CN101037703B（2006年）报道了强化秸秆纤维素的酶解发酵方法，以农作物汽爆秸秆为原料，在固态发酵反应器内加入纤维素酶（商业黑曲霉）和锈制球状物，汽爆秸秆与纤维素酶的量比关系为：每克农作物汽爆秸秆加入11IU纤维素酶，在pH值为4~6，温度30~50℃，晃动动态条件下，使汽爆麦草高速酶解产生还原糖；通过使反应器摇动同时带动反应器内的不锈钢球转动，实现强化传质、提高糖化效果。

CN102212695B（2011年）涉及秸秆炼制金属及多联产的方法，包括以下步骤：将秸秆粉碎或者汽爆，然后加入水或稀酸中，经过浸泡或者搅拌提取，然后分离得到含有矿物质离子的溶液，溶液通过离子交换树脂或者萃取纯化其中的金属离子，可以有效避免金属离子导致的发酵中抑制酶活性的问题。

（3）生物丁醇制备是新兴研究方向　随着石油资源的日渐枯竭，全世界都把能源研究的重点转向生物燃料。现在已有生物柴油、生物乙醇等生物燃料得到了应用。从纤维素原料而来的燃料丁醇具有较燃料乙醇更好的品质和燃烧热值，目前生物丁醇得到了人们更多的青睐，被称为第三代生物燃料。

CN101942382B（2009年）公开了一种用于秸秆稀酸水解五碳糖发酵丁醇的方法，即通过稀酸在水解罐将秸秆中的半纤维素全部降解为以木糖为主的五碳糖并回收水解过程所产生的糠醛，五碳糖液通过电渗析和离子交换回收糖液中的糠醛和有机酸后添加部分营养物，通过丙酮丁醇生产菌在丁醇发酵罐中发酵得到丁醇等总溶剂，发酵液经蒸馏后可得到生物丁醇。

CN101941888B（2009年）报道了一种秸秆稀酸水解液发酵及差压蒸馏丁醇的方法，步骤包括：以秸秆稀酸水解液作为碳源，玉米浸液和淀粉乳作为营养物质，利用丙酮丁醇梭菌 *Clostridium acetobutylicum* 发酵得到1.8%~2.3%的总溶剂；发酵醪液经过正压塔和负压塔进行粗蒸馏，塔顶得到45%~55%的总溶剂。该方法利用廉价的秸秆发酵生产丁醇，降低了原料的成本；发酵液粗馏过程采用差压蒸馏，蒸汽量消耗量仅占传统粗馏塔的50%，降低了溶剂分离的生产能耗。

CN103451240B（2012年）公开了一种添加植物原料以提高丁醇生产菌发酵性能的方法，即在丁醇生产菌发酵起始阶段向发酵培养基中补加少量玉米秸秆等植物原料，以缩短丁醇生产菌发酵延滞期，未经活化的丁醇生产菌可直接用于发酵生产，其发酵延滞期由18~24小时缩短至6~12小时；在丁醇生产菌产酸阶段向发酵培养基中补加少量植物原料，以提高丁醇生产菌的溶剂转化率，发酵液中副产物丁酸和乙酸浓度由

3~5克/升降低至1~2克/升，解决了丁醇生产菌的菌种易退化、发酵延滞期长的问题，提高了丁醇生产菌的溶剂产量。

（4）以简化工序、提高生产效率为导向研发相关设备　CN101130791B（2006年）公开了一种利用甜高粱秸秆固态发酵制备酒精的设备和方法，秸秆粉碎、灭菌、接种活化、发酵、气提、吸附、冷凝回收等工序均在该设备内完成，简化了操作工序。

CN101942382B（2009年）公开了一种用于秸秆稀酸水解五碳糖发酵丁醇的装置及方法，相关装置包括：秸秆粉碎机、洗涤罐、汽爆罐、水解罐、压榨脱水机、板框压滤机、电渗析、离子交换柱、丁醇发酵罐、蒸馏塔和固态发酵罐；具体方法包括：通过稀酸在水解罐将秸秆中的半纤维素全部降解为以木糖为主的五碳糖并回收水解过程所产生的糠醛，五碳糖液通过电渗析和离子交换回收糖液中的糠醛和有机酸后添加部分营养物，通过丙酮丁醇生产菌在丁醇发酵罐中发酵得到丁醇等总溶剂，发酵液经蒸馏后可得到生物丁醇。

CN101768539B（2010年）公开了一种适用于甜高粱秆固态厌氧发酵乙醇丁醇的反应器，其结构特征为：反应器内部安装的竖排弹簧钢管在曲轴连杆的带动下作周期性伸缩运动，曲轴连杆的转动频率由反应器外部的电机控制。该反应器利用弹簧伸缩运动对反应器内固体物料进行挤压释放，增加了物料的搅动作用，强化了物料在发酵过程的传质传热，提高了固态发酵的效率。

（5）实现秸秆全组分利用和分级转化综合利用　CN101942530B（2009年）涉及一种发酵用秸秆五碳糖水解液的预处理方法，主要步骤包括将五碳糖液先通过减压蒸馏分离得到其中的糠醛，再经过电渗析和离子交换分离其中的弱酸和强酸。使用该方法不仅提高了五碳糖液可发酵性，同时分离得到高附加值的产品。

CN101942485B（2009年）涉及一种汽爆秸秆木糖发酵丙酮丁醇及提取剩余物的方法，步骤包括：①汽爆秸秆经水浸泡后进行固、液分离，从汽爆秸秆液体中得到糠醛、有机酸和木糖；②汽爆秸秆木糖发酵生产丙酮丁醇，总溶剂产量为12~22克/升；③汽爆秸秆固体经过碱萃取后，碱萃取液用于制备木质素，碱萃取渣用于造纸和发酵生产饲料。该方法使秸秆中的纤维素、半纤维和木质素3大组分得到了分级转化，可以生产糠醛、有机酸、木糖、木质素以及造纸纤维，经过生物转化可以生产丙酮、丁醇、饲料蛋白等发酵产品。该专利目前已转让给北京中科百瑞能工程技术有限责任公司，并获得了第四届北京发明专利奖一等奖。

US9309577B2（2011年）和CN102134616B（2011年）公开了一种秸秆半纤维素制备生物基产品及其组分全利用的方法，即通过汽爆和（或）酸水解相结合进行预处理使得秸秆中的半纤维素充分释放至水解液中，可以得到较高的糖液浓度，并回收了副产品糠醛和乙酸。由于直接利用秸秆中易于降解的半纤维素作为发酵原料生产丁醇、丁二酸、丁二醇、乳酸、氢气、沼气，可以有效降低这些生物基产品的原料成本和生产成本。此外，该方法用碱液萃取分离得到的秸秆的纤维素和木质素，可进一步生产羟甲基纤维素钠、聚醚多元醇、胶黏剂、酚醛树脂等化工产品。该方法使秸秆中的所有组分都得到高值化利用，并且整个工艺过程中不产生废弃物和污染物。目前前者已转让给 HAINAN SUPER HEALTHY GRAIN CO，后者已转让给海南善粮科技有限公司，并获得了第十七届中国专利奖优秀奖。

CN102304213B（2011 年）涉及一种秸秆发酵剩余物多元醇液化制备聚氨酯的方法，包括：①秸秆发酵剩余物通过多元醇液化得到液化产物；②液化产物与异氰酸酯反应合成聚氨酯。该方法得到秸秆发酵剩余物的液化产物可以完全替代石化多元醇合成聚氨酯，具有良好的胶粘性能，实现了秸秆发酵剩余物完全代替石化多元醇生产聚氨酯，为聚氨酯工业的原料来源提供了新途径。

CN102153528B（2011 年）涉及一种秸秆制备糠醛、聚醚多元醇、酚醛树脂、纳米二氧化硅的方法，包括：采用以汽爆为核心的组合预处理技术对秸秆进行选择性结构拆分，得到富半纤维素的水洗液、富杂细胞组分、富纤维素组分以及木质素组分，汽爆水洗液直接催化制备糠醛，富杂细胞组分燃烧制备纳米二氧化硅，富纤维组分以及木质素组分则分别液化制备植物基聚醚多元醇，木质素组分也可进一步制备酚醛树脂。该方法解决了秸秆整株利用时转化效率低、存在二次污染等问题，实现了秸秆的高效清洁转化。

——清华大学李十中团队

该团队围绕秸秆液化技术申请了 16 件专利，其中 10 件获得授权。内容主要涉及甜高粱茎秆固态发酵生产乙醇工艺和系统，重点是固态发酵工艺、装置和控制系统的集成及工业化应用。

CN101085995B（2007 年）涉及一种基于甜高粱秆固态发酵料分离乙醇的方法及系统，方法包括：粉碎后的高粱茎秆经固态发酵后形成发酵料，通过密闭隧道皮带输送到蒸馏系统；发酵料连续进入环形旋转圆盘并与自下而上，来自高效气体分布器的蒸汽错流接触而使乙醇由固相转入汽相，糟渣连续移出；蒸—精馏耦合工艺分离乙醇，直接获得质量分数为 95.5% 的工业乙醇。该方法利用蒸—精馏耦合连续分离技术，可充分提取甜高粱秆发酵料中乙醇，提高乙醇实际收率；采用密闭隧道皮带输送，降低了发酵料输送过程中乙醇挥发；采用环形旋转圆盘进行固态蒸馏，发酵料呈水平环状移动，蒸汽自下而上错流穿透料层，改善传质和实现连续生产。

CN101220378B（2008 年）涉及一种基于糖质原料生产乙醇的固态发酵方法与系统，方法包括：粉碎料借助转鼓式固态发酵罐筒体的回转运动和罐体倾角（1°～15°）与进料抄板双重作用下入罐与经喷淋器喷出的高产乙醇 TSH-Sc-1 酵母菌液均匀混合；在兼氧环境中进行固态发酵，发酵罐匀速回转，促进物料混合和强化传热，使发酵始终处于最佳状态，缩短发酵时间；在线监控：微机在线调控温度分布、溶解 O_2 浓度、黄浆 pH 值、菌种迁移性等参数以确保固态发酵在最佳工况下进行。该系统将料液混合、固态发酵、过程监控等有机集成，最大限度克服了工程放大效应，能够实现工业化大规模运营。

CN102071222B（2010 年）涉及一种制取燃料乙醇的连续固态发酵工艺及装置，所述工艺主要包括菌种添加和连续固态发酵两个步骤，即在粉碎物料进入连续固态发酵罐体前向发酵原料中添加发酵菌种，然后将上述混合后的发酵料在连续固态发酵罐中进行连续发酵，使可发酵糖转化为乙醇。采用该工艺及装置可以充分利用秸秆中的可发酵糖分，提高乙醇产率，并真正实现了固态发酵工艺的连续化。在此基础上，CN103509712B（2013年）涉及一种生产燃料乙醇具备自控系统的连续固态发酵装置及工艺，在原有工艺上增加了对发酵装置的自控调节系统，实现了固态发酵工艺的连续化、自动化，加强了生产的可调可控性。该技术除在中国进行布局外，还在澳大利亚、美国和南非均提交了专利申请。

CN102586339B（2012年）涉及一种甜高粱秆联产燃料乙醇和木质素的方法，包括：首先甜高粱秆粉碎、调节含水量后进行固态发酵，然后将发酵料进行碱蒸馏，得到乙醇和蒸馏料，然后水洗蒸馏料并固液分离得到碱木质素和去木质素残渣，然后去木质素残渣水洗后作为酶解底物酶解，得到酶解混合液，最后将酶解混合液接种酵母发酵得到乙醇溶液。该方法综合利用了甜高粱秆中的糖分、木质素和纤维素，使得甜高粱秆得到充分的利用；将糖分生产乙醇工艺中的蒸馏步骤与纤维素产乙醇的预处理步骤合二为一，节省了预处理所需的设备、能耗、时间，使得纤维素乙醇的生产成本下降。

CN103509713B（2013年）涉及一种制取燃料乙醇的连续固态分离装置及工艺，所述装置为连续蒸馏装置，所采用的连续分离乙醇工艺可以充分利用甜高粱秸秆（或甘蔗、甜菜）中的可发酵糖分，提高了乙醇产率，真正实现了分离乙醇工艺的连续化；而且蒸馏过程中所产生的废料既可以作为燃料，又可以作为动物饲料。该技术还在中国、美国、澳大利亚和南非进行了专利申请，并且均已获得授权。

——北京三聚环保新材料股份有限公司

该机构围绕液化技术申请了10件发明专利，6件获得授权，主要内容涉及利用秸秆等生物质生产生物油的工艺。

2017年该机构针对生物质一锅法液化工艺申请了7件专利，除在中国获得3件授权发明专利之外，也向美国、新加坡和欧洲地区提交了专利申请，具体工艺步骤包括：配制含有催化剂、硫化剂和生物质的浆液，向所述浆液中通入氢气以发生反应，并控制反应压力为15~20兆帕、反应温度为300~400℃，最终制得生物油；浆液配制步骤为，将秸秆依次进行干燥、初粉碎、压缩和二次粉碎，得到预处理生物质，秸秆进行压缩的压力为2~5兆帕、温度为30~60℃，干燥温度为70~110℃、时间为3~5小时，秸秆干燥后的含水率低于2%（质量分数），初粉碎后的中位粒度为100~300微米，经二次粉碎后的中位粒度为30~50微米、二次粉碎后堆密度为400~800千克/立方米；而后将所述预处理生物质与所述催化剂和所述硫化剂混合得到混合物加入至水中研磨制浆，得到秸秆浓度为35%~50%的所述浆液。该方法首创性地将秸秆进行了先压缩后二次粉碎的处理工艺，通过将生物质进行压缩处理，使松散的秸秆先后经历重新排位、机械变性和塑形流变等阶段，使得秸秆的密度和比重增大，使之有利于分散在油品中，提高了其在油品中的含量，增加了反应物料浓度，提高了泵在单位时间内对生物质的输送量，提高了生物质的转化率和油相收率。

CN108219817B涉及一种生物质的多级液化工艺，包括如下步骤：①配制含有第一催化剂和生物质的浆液，向所述浆液中通入氢气以发生一级加氢反应，控制反应压力为15~25兆帕、反应温度为280~350℃，得到一级加氢产物；浆液配制步骤为：将秸秆依次进行干燥、初粉碎、压缩（压缩压力为 0.5~3 兆帕、温度为 30~60℃）和二次粉碎，而后与所述第一催化剂混合得到混合物，将所述混合物加入至油品（废弃动植物油脂、废矿物油、矿物油或馏分油等）中研磨制浆，得到秸秆浓度为 30%~60% 的浆液；②向所述一级加氢产物中加入第二催化剂并通入氢气以发生二级加氢反应，控制反应压力为 15~25 兆帕、反应温度为 400~480℃，得到二级加氢产物，所述二级加氢产物经分离后收集油相，得到生物油。

3.1.6.7　国外秸秆液化技术研发现状

国外秸秆液化技术专利申请机构主要包括因比肯公司（INBICON A/S）、希乐克公司（XYLECO INC）、波特研究公司（POET RESEARCH, INC）、艾欧基能源公司（IOGEN ENERGY CORPORATION）等企业，专利内容主要涉及纤维素制备乙醇技术。

——因比肯公司

因比肯公司（INBICON）在秸秆液化技术领域申请了 31 件发明专利，24 件获得授权，专利申请分布在欧盟、美国、澳大利亚、巴西等 10 余个国家（地区），主要技术内容涉及木质纤维素生物质生产乙醇工艺，着重在水热预处理方法、工艺、设备和酶促液化方法方面进行了技术研发和改进。

US8123864B2（2006 年）提供了将纤维素材料（如切碎的秸秆和玉米秸秆）转化为乙醇的方法和设备。具体方法包括：通过使纤维素材料经受至少一次浸泡操作，并通过至少一个加压反应器输送纤维素材料，并使纤维素材料经受至少一次压制操作，产生纤维部分和液体部分，将纤维级分进行酶促液化和糖化。进行水热预处理选择适宜的水热预处理温度和时间，以保持原料的纤维结构，并且使至少 80% 的木质素保持在纤维部分中。围绕该项技术，INBICON 公司在澳大利亚、加拿大、巴西、中国、丹麦、欧盟、西班牙、墨西哥、新西兰等国家（地区）进行了 30 余件同族专利布局。

US8460473B2（2012 年）涉及一种对酶促液化和糖化进行初步的纤维素材料的连续水热预处理的方法，包括以下步骤：将纤维素原料输送通过至少一个连续的加压反应器，该反应器具有至少两个连续的部分，使得加压部分水热预处理在一组以上的温度/压力条件下进行，每组对应于相应的反应器部分，在具有一组温度/压力条件的每个阶段之间在加压条件下压制原料，从而产生纤维部分和液体馏分，以及在具有一组温度/压力条件的每个级之间从加压反应器卸载液体馏分。

US9090927B2（2013 年）一涉及种转化纤维素材料的方法，包括以高干物质含量对所述纤维素材料进行酶促液化，所述方法包括以下步骤：通过至少一个加压水热预处理反应器输送纤维素材料，然后压制制备干物质含量在 20%~60%（质量比）的纤维级分和液体级分；将酶应用于纤维级分以产生负载酶的纤维级分；然后混合装载酶的纤维部分以提供液化材料；然后将酶载纤维部分浸入由混合酶负载纤维部分得到的液化材料中。

US9284383B2（2015 年）涉及一种处理纤维素材料的方法，包括以下步骤：在具有入口和出口的第一反应器部分中将所述纤维素材料暴露于第一温度或压力条件，在第一温度之后将液体部分与固体部分分离或通过在第一反应器部分的出口处压制纤维素材料的固体部分来施加压力条件,其中液体部分随后进行发酵,并且在所述分离之后将所述固体部分在第二反应器部分中暴露于第二温度或压力条件。

US10155966B2(2016年)涉及一种用于处理纤维素材料的设备,所述设备包括:第一加压反应器段,其包括构造成在升高的压力下操作的反应器压力区;以及第一加压反应器段。分离装置,其附接至第一加压反应器部分,其中所述分离装置构造成从纤维素材料产生纤维级分和液体级分,其中所述分离装置是加压装置;排出装置,其能够将纤维馏分从第一加压反应器部向第二加压反应器部排出,该第二加压反应器部在比第一加压反应器部低的压力下工作。液体馏分卸载机构,其配置为将液体馏分从第一加压反应器部分卸载至封闭的收集区;密闭收集区,其构造成通过卸载机构从第一加压反应器段接收液体馏分。

——希乐克公司

希乐克公司(XYLECO)在秸秆液化技术领域申请了24件发明专利,19件获得授权,专利申请分布在新西兰、以色列、巴西、加拿大等10余个国家(地区),主要技术内容涉及生物质材料的预处理方法、糖化工艺、发酵工艺以及相关中间体和产品生产工艺。

(1)多样化的生物质预处理技术 XYLECO公司已经研发出涵盖机械处理法、辐射法、超声波处理法、热解法、蒸汽闪爆法及其组合的多种物理处理法、化学处理法或其组合处理方法。

CA2823043C(2007年)涉及一种处理包含电子束辐射的生物质的方法,包括:粉碎选自草、稻壳、甘蔗渣、黄麻、大麻、亚麻、竹子、剑麻、蕉麻、稻草、玉米芯、玉米秸秆、苜蓿、干草、椰子等木质纤维素材料,辐照木质纤维素材料,用酶或微生物水解辐照的材料以产生糖或用酶或微生物转化辐照的材料以产生糖;并且发酵糖以产生燃料。XYLECO公司围绕该技术在全球进行了广泛布局,在澳大利亚、加拿大、中国、美国、欧盟等国家(地区)布局了161件同族专利申请。

NZ719805B(2009年)公开了一种加工生物质的方法,包括:照射生物质原料以改变生物质原料的分子和(或)超分子结构;冷却辐照的生物质原料;然后用第二剂非电离辐射重新照射生物质原料。XYLECO公司针对该技术在美国、加拿大、新西兰、阿根廷、中国、欧盟等23个国家(地区)进行了185件同族专利布局。

(2)以糖化工艺为核心的生物质综合利用技术 NZ717336B(2011年)公开了一种加工生物质方法,包括糖化纤维素或木质纤维素材料,然后用盐水中的微生物发酵该材料以产生中间体或产物。生物质材料可以是纸、纸制品、木材、木材相关材料、草、稻壳、甘蔗渣、棉花、黄麻、大麻、亚麻、竹子、剑麻、蕉麻、稻草、玉米棒子等。微生物的实例包括酵母,真菌,藻类,霉菌,细菌,海洋微生物或嗜热微生物。盐水可以是海水,微咸水或任何类型的盐水溶液。该方法可用于生产能量、燃料、食品和材料,例如羧酸,醇和烃。

NZ742430B(2013年)内容涉及增强生物质材料糖化的过程,生物质(例如植物生物质,动物生物质和城市废物生物质)经过处理后可产生有用的中间体和产品,例如能源、燃料、食物或材料。首先，研制了一种使用维素和（或）木质纤维素材料通过连续、半连续或非连续方式的酶促糖化来产生中间体或产物的系统，主要步骤包括：使用纤维素分解酶、酸（例如弱或稀无机酸）或先进行酸处理，再使用纤维素分解酶，然后可以使用糖作为最终产物或中间体，或通过进一步的生物加工或化学手段（例如发酵或氢化）转化为多种产物，例如醇、糖醇、有机酸和烃。生产的产品通常取决于所利用的微生物或化学物质以及进行加工的条件；相关装置包括：第一糖化罐和第二糖化罐；第一流体流动路径，其提供从第一槽到第二槽的第一流体连通，以及第一分离器，其设置在第一流体流动路径中，用于从第一和第二槽之间的流体连通中去除处理过的生物质，第二流体流动路径提供从第二罐到第一罐的第二流体连通，以及设置在第二流体流动路径中用于从第一罐和第二罐之间的流体连通中去除糖化的上清液的第二分离器，第一输送装置构造成将液体原料添加到第一槽以与第二分离器大致相同的速率去除糖化的上清液，第二输送装置构造成以与第一分离器大致相同的速率向第二槽中添加生物质原料到处理过的生物质。其次，提供了一种增强糖化的方法，包括：从糖化混合物的固体成分中分离出第一纤维素酶溶液，所述第一纤维素酶溶液包含酶和糖；使用第一纤维素酶溶液糖化第一生物质，从而产生第二生物质和第一糖溶液；从第一糖溶液中分离出第二生物质，与第一纤维素酶溶液相比，第一糖溶液富含糖。使用第二纤维素酶溶液糖化第二生物质，从而产生第三生物质和第二糖溶液；其中将第二纤维素酶溶液以与第一糖溶液与第二生物质分离大约相同的速率添加至第二生物质。

——波特研究公司

波特研究公司（POET RESEARCH）在秸秆液化技术领域申请了13件发明专利，3件获得授权，主要技术内容涉及生物质生产乙醇工艺，着重于生物质乙醇生产预处理系统、发酵系统及整体生产系统和相关设备的研发。

US8815552B2（2010年）涉及一种生物精炼厂和用于由生物质生产乙醇的系统。生物精炼厂包括：用于制备生物质的制备系统；预处理系统，用稀酸预处理制备的生物质，以分离成戊糖可以进行发酵的第一组分和可使己糖可用于发酵的第二组分；第一处理系统，通过从第一组分中除去组分，将第一组分处理成经处理的第一组分；第一发酵系统，由戊糖产生第一发酵产物；从第一发酵产物中回收乙醇的蒸馏系统。

US20100233771A1（2010年）涉及用于生产乙醇的生物质的预处理系统，预处理步骤包括：约130~170℃的温度下，施加浓度为0.8%~1.1%的稀酸，持续8~12分钟，得到预处理生物质。该系统还可以通过将预处理的生物质分离成包含用于发酵的戊糖液体组分和可以获得木糖用于发酵的纤维素；该系统还包括发酵系统和蒸馏系统，发酵产物包含通过戊糖发酵产生的乙醇和由己糖发酵产生的乙醇。

CN103502460A（2012年）涉及一种提高木质纤维素水解产物发酵效率的系统和方法，该系统包括用于从液体成分中除去颗粒物尺寸超过25~100微米的物质的过滤器，和至少一个用于从液体成分中除去酸类的纳米过滤器。该系统采用了一种设备来调整经过纳米过滤器过滤的液体成分的pH值，用氢氧化钙组合物将其调整到pH值5.5~6。所述氢氧化钙组合物单独包括氢氧化钙或包括氢氧化钙和氢氧化铵和（或）氢氧化钾。

──艾欧基能源

艾欧基能源公司（IOGEN）在秸秆液化技术领域申请了11件发明专利，5件获得授权，主要技术内容涉及生物质生产乙醇工艺，着重于生物质预处理方法与装置的研发。

US20060068475A1（2004年）本发明涉及大包木质纤维素原料的预处理方法。将一捆或多于一捆的木质纤维素原料输送到预处理反应器中，将蒸汽和酸加入到包中并保持在一定温度、酸浓度，并保持足以将半纤维素水解成木糖并增加纤维素对纤维素酶消化的敏感性的时间，从而产生预处理的原料。

CA2583256A1（2005年）提供了一种生产预处理原料的方法。所述原料选自草、谷类秸秆、秣草及它们的组合，并且至少大约80%的原料的颗粒长度为2~40厘米。方法包括：用液体湿润原料，通过一台或一组辊压机挤压所述湿原料以便从湿原料中去除至少一部分水和可溶性物质，并剪切湿原料以产生原料颗粒，所述原料颗粒具有成浆时在固体浓度为8%~20%时适合泵送的尺寸。所述一台辊压机或者所述一组辊压机中的至少一台辊压机包括带有圆周为"V"形槽的辊子。将所述挤压过的原料颗粒调成浆以产生稠度为8%~20%的成浆原料，然后将所述成浆原料泵送到预处理反应器中。在160~280℃的温度下对所述成浆原料进行稀酸预处理。

3.2 在华专利布局态势分析

3.2.1 申请趋势

从年度申请趋势来看，在华秸秆能源化利用技术发展大致经历四个阶段，2005年之前（萌芽期），2006—2009年（第一快速发展期），2010—2013年（技术调整期），2014年至今（第二快速发展期）。

在2005年之前，该技术发展处于萌芽期，每年的相关专利申请从10余件缓慢增长到不到百件；2006—2009年，该技术发展处于第一快速发展期，在此期间，每年专利申请量逐渐突破百件，并且呈现逐年增加的趋势，2009年达到专利申请量峰值499件，专利申请量年均增长率约63%，这一期间的专利申请主要涉及热解气化技术相关的气化炉等装置；2010—2013年处于技术调整期，专利申请量略有回落，年度专利申请量保持在400件上下；2014年至今，该技术发展处于第二快速发展期，年均专利申请量突破500件并快速增加至近千件，在2017年达到专利申请量峰值920件，专利申请量年均增长率达到24%，这一期间涉及固化成型技术和发酵制沼技术的专利申请显著增多。从专利申请总体趋势来看，我国秸秆能源化利用技术专利申请量还将保持较上升趋势，该领域具有较大潜力和市场前景（图3-18）。

从专利申请类型来看，从在技术萌芽期和第一快速发展期，该领域以实用新型专利申请为主，经过技术调整期，发明专利申请量逐渐超过实用新型专利申请量，进入第二快速发展期后，发明专利申请占比上升到2/3。对相关时间段的专利解读，在萌芽期和第一快速发展期的专利申请以气化炉等气化装置的实用新型专利为主，进入调整期和第二快速发展期后,相关专利申请内容侧重于固化成型燃料配方、制备方法和工艺以及沼气制备技术、工艺和装置。

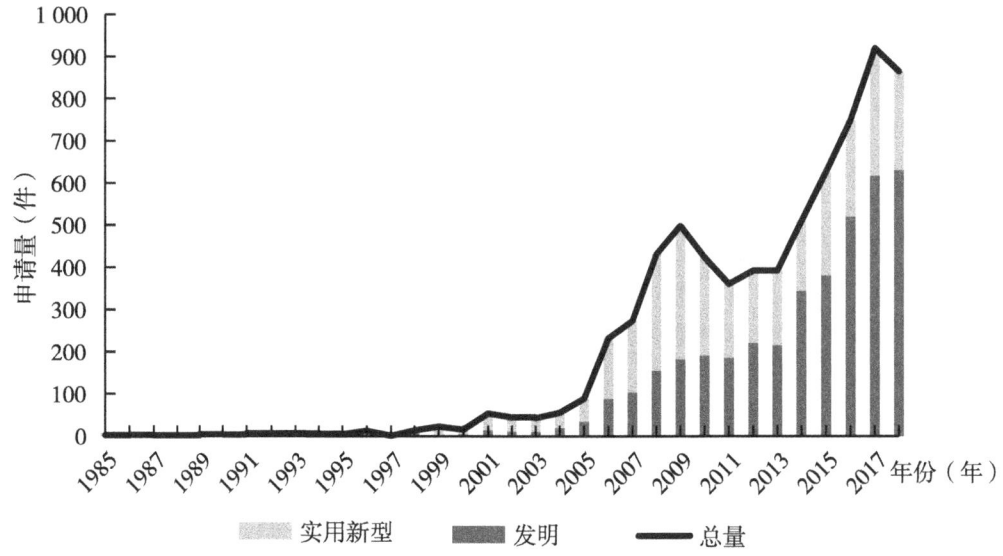

图 3-18 秸秆能源化利用技术在华专利年度申请趋势

3.2.2 申请来源区域分布

图 3-19 显示出秸秆能源化利用技术在华专利的来源国分布情况,可见,我国秸秆能源化利用技术的专利申请主要来自本国申请人,外国申请人在我国提交的专利申请较少,主要国家包括丹麦、美国、德国、日本、韩国和波兰,向我国申请的专利数量

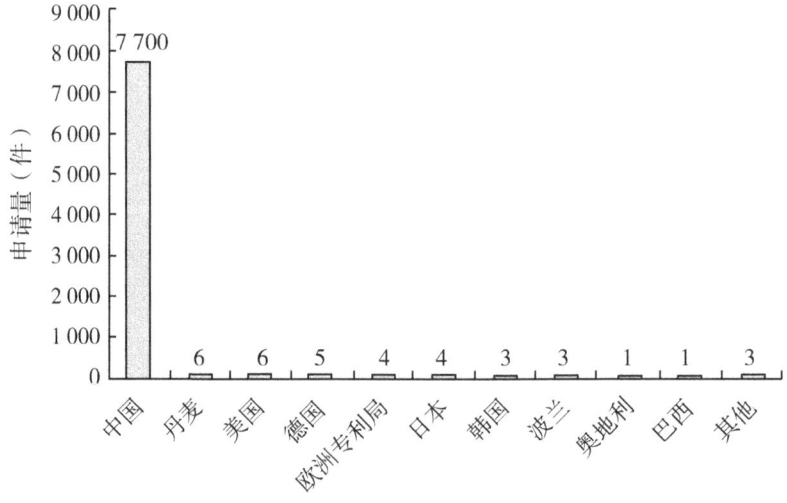

图 3-19 秸秆能源化利用技术在华专利优先权国(地区、机构)分布

仅 3~6 件。就我国市场来看，本国申请人基本占据全部国内市场份额。

图 3-20 显示了我国秸秆能源化利用技术专利本国申请的省（市）分布，由图可见，江苏、安徽、山东和北京是我国该领域的主要技术来源省（市），其专利申请约占本国申请的 1/3，相关专利申请量均超过 500 件，主要申请人包括青岛锦绣水源商贸有限公司、河南农业大学、天紫环保投资控股有限公司、中国科学院、农业农村部规划设计研究院、农业农村部沼气科学研究所和东南大学等。

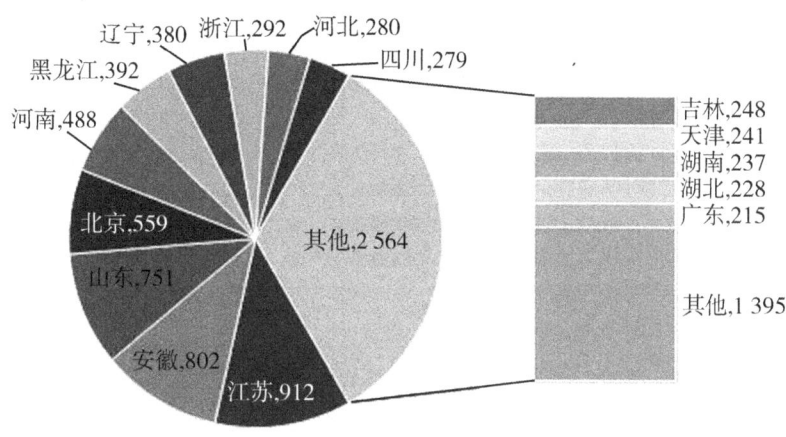

图 3-20 秸秆能源化利用技术在华专利本国申请省（市）分布（单位：件）

3.2.3 我国主要申请机构

图 3-21 和图 3-22 显示了我国秸秆能源化利用技术主要专利申请人及其专利类型和法律状态分布情况，排名前十的申请人包括 3 家科研机构（中国科学院、农业农村

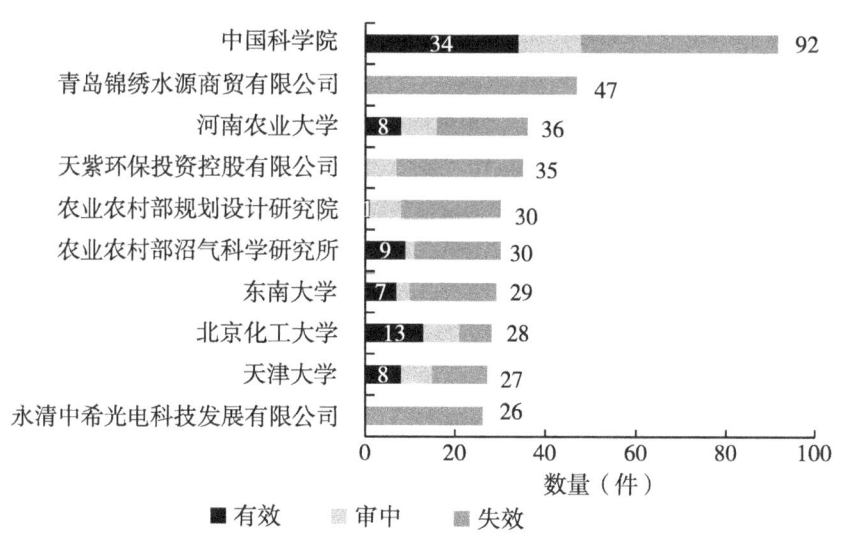

图 3-21 秸秆能源化利用技术在华专利我国 TOP10 申请人及其专利法律状态分布

部规划设计研究院、农业农村部沼气科学研究所)、4家高校(河南农业大学、东南大学、北京化工大学和天津大学)和3家企业(青岛锦绣水源商贸有限公司、天紫环保投资控股有限公司和永清中希光电科技发展有限公司),反映出我国非常注重秸秆能源化利用技术的研发,农林类高校和科研机构在该领域的研发热度和活跃度较高,企业也在该领域的技术创新主体地位正逐渐显现,但从专利申请量、授权发明专利量、授权发明专利占比、有效专利量等方面与相关科研机构和高校相比,尚有较大差距。

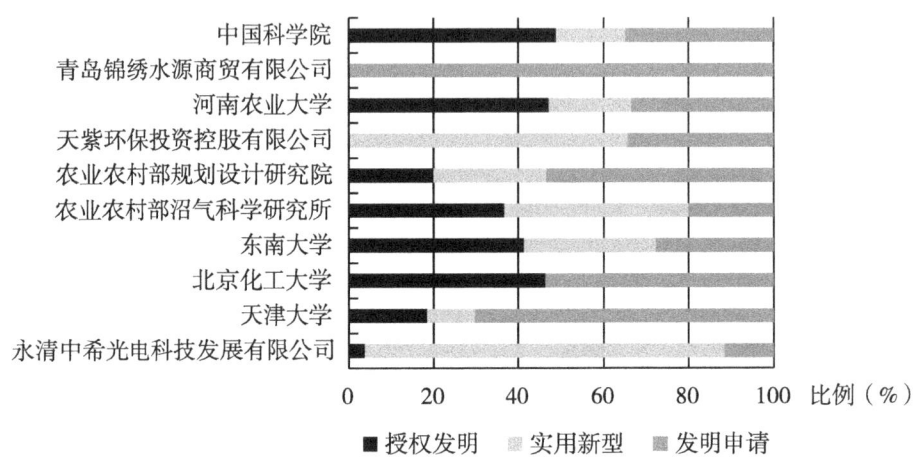

图 3-22 秸秆能源化利用技术在华专利我国 TOP10 申请人的专利类型分布

3.2.4 来华主要申请机构

秸秆能源化利用技术的来华专利申请共36件,来自丹麦、美国、德国、日本等国家,以企业申请为主,企业申请人的专利申请共25件,各申请机构在我国的专利申请1~2件,重要的申请机构主要有因比肯公司、波特研究公司等(表3-2)。

表 3-2 秸秆能源化利用技术在华专利外国申请人

国家	申请机构	专利申请量/件
奥地利	约瑟夫施德私人基金会	1
巴西	CTC—蔗糖技术中心不记名股份公司	1
波兰	麦特能源股份有限责任公司	1
丹麦	因比肯公司	2
丹麦	巴威福龙股份公司	1
丹麦	耶拿贸易有限公司	1
丹麦	动力生物燃料公司	1
丹麦	派若尼耳有限公司	1
丹麦	丹麦热能工业有限公司	1

(续表)

国家	申请机构	专利申请量/件
丹麦	生物燃料科技股份公司	1
德国	西门子公司	1
德国	赫伯斯特环境工程有限公司	1
德国	英诺泰克控股商贸有限两合公司	1
德国	克罗内斯股份公司	1
德国	黑龙江赫尔特生物质能源发展有限公司	1
加拿大	埃欧金能量有限公司	1
美国	威斯康星校友研究基金会	1
美国	格兰生物科技知识产权控股有限责任公司	1
美国	波特研究公司	1
日本	有限会社市川事务所	1
日本	三菱重工业株式会社	1
日本	株式会社创造	1
日本	综研技术株式会社	1
瑞士	科莱恩有限公司	1

3.2.5 技术分布

图3-23显示了秸秆能源化利用技术在华专利申请的技术分支分布情况，与全球秸秆能源化利用技术的技术分支分布相似，我国秸秆能源化利用技术主要集中在秸秆热解气化技术、秸秆固化成型技术和秸秆直燃技术；与国外申请的技术分布相比较，国外申请则主要聚焦固化成型技术、直燃技术和液化技术。

对主要技术分支进行专利申请年度趋势分析，最早的秸秆能源化利用技术是直燃技术，相关专利申请于1985年，内容涉及燃烧秸秆的灶炉，1986年加热压缩成型技术的相关专利申请出现，内容涉及一种秸秆燃块的压缩制备方法，1987年出现了热解气化技术相关的专利申请，内容涉及一种下吸式气化燃烧炉。20世纪80年代，我国先后出现了直燃技术、固化成型技术和热解气化技术3类秸秆能源化利用技术。到90年代，秸秆发酵制沼技术和液化技术的相关专利申请出现，内容涉及太阳能沼气池和农作物秸秆生产乙醇工艺。在2000年之前，主要秸秆能源化技术均崭露头角，整体技术发展处于萌芽期，相关专利申请量在个位数水平。进入21世纪，热解气化技术最先进入快速发展期，2006—2012年的相关专利申请量均在百件以上；其他技术的专利申请量增幅较为缓慢。2014年后，直燃技术、固化成型技术和发酵制沼技术进入快速发展期，相关技术的专利申请快速增加，从专利申请量占比来看，这一期间固化成型技术和发酵制沼技术的研发更加活跃，固化成型技术专利申请内容集中在生物质燃料配方、工艺及制造方法和秸秆压块机、成型机等成型装备；发酵制沼技术专利申请内容聚焦秸秆发酵生产沼气的工艺、装置及包含进料、预处理、接种、发酵、温控等环节的系统工程。另一方面，随着秸秆燃烧锅炉等燃烧装置和气化炉等气化装置的改进和升级，相关专利申请逐渐增多，直燃技术和热解气化技术也得到进一步发展。在5种秸秆能源化技术中，液化技术发展相对缓慢，专利申请呈缓慢增长态势，专利申请内容主要涉及秸秆制备生物乙醇（图3-24）。

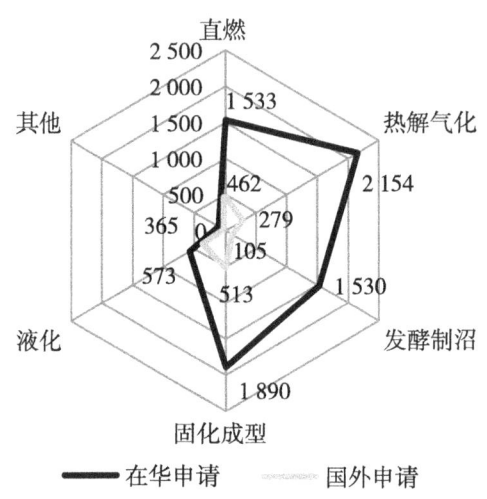

图 3-23 秸秆能源化利用技术在华专利申请技术分布

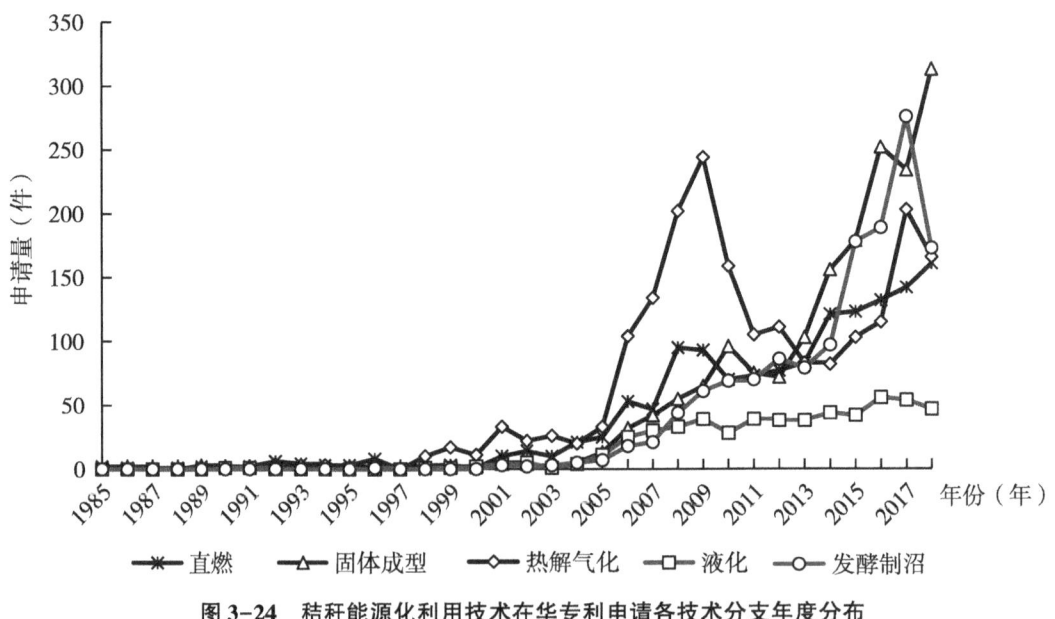

图 3-24 秸秆能源化利用技术在华专利申请各技术分支年度分布

通过对比秸秆能源化利用领域在华专利申请中我国本土申请和外国来华申请的技

术领域分布，可以发现我国本土技术研发热点和外国来华技术布局热点有所不同。在中国本土申请中，热解气化技术和固化成型技术的专利申请占比较大，其次为发酵制沼技术和直燃技术，液化技术的专利申请占比最少；而外国来华申请中，液化技术的专利申请占比最大，其次为固化成型技术和热解气化技术，发酵制沼技术的专利申请最少（图3-25）。

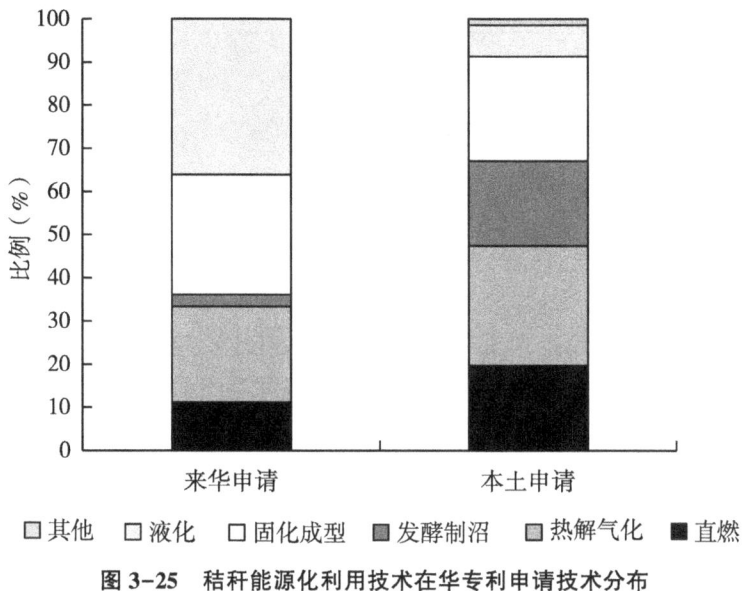

图3-25 秸秆能源化利用技术在华专利申请技术分布

3.3 技术热点及技术发展路线分析

3.3.1 技术热点

采用科睿唯安DI专利数据库专利地图工具获得秸秆能源化技术专利地图（图3-26），通过对其解读和归纳，总结出该领域的热点技术，主要集中在以下方面。

3.3.1.1 秸秆制备生物乙醇技术

秸秆制取纤维素乙醇技术是当前欧美等发达国家生物质能开发的主要方向之一，我国对纤维素乙醇产业发展也相当重视，已经开展了一系列关键技术研发，并出台了支持产业发展的相关法律法规政策。秸秆制备乙醇主要包括预处理、水解和发酵3个步骤，其中，高效预处理方法的缺失、水解方式的比选和发酵抑制等问题是制约秸秆乙醇技术发展的重要因素。该技术领域的专利申请内容主要涉及利用酵母发酵秸秆制备乙醇的方法、工艺、系统及装置。

因比肯公司的专利申请US13/753541、US14/702210和US15/013366涉及一种将纤维素材料转化为乙醇的方法和设备，即秸秆等将纤维素材料经水热预处理而无需添加化学物质，形成液体和纤维部分，纤维部分经酶促液化和糖化产生乙醇。

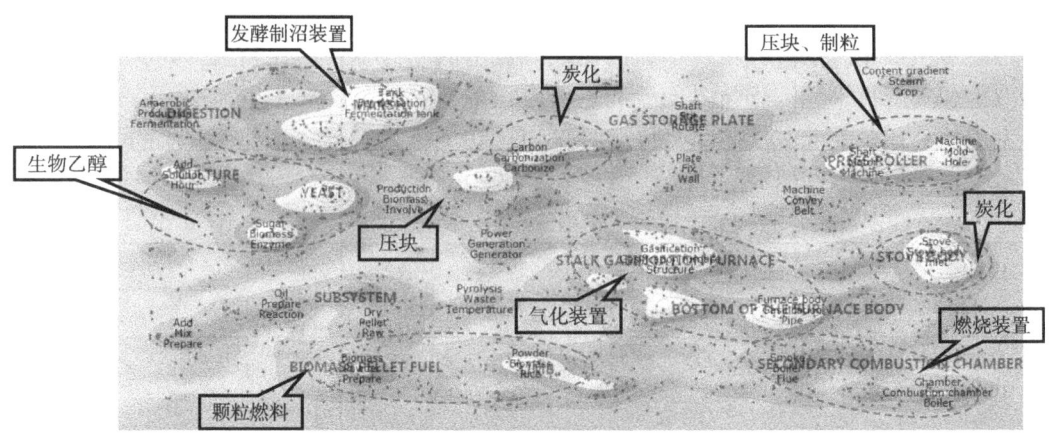

图 3-26 秸秆能源化利用技术专利分布

布特马斯先进生物燃料有限责任公司的专利申请 RU2013102308 和 NZ603291 均涉及一种含有丁醇生物合成途径的重组微生物发酵秸秆生产乙醇、丁醇等醇类产品的方法及其生产系统。前者侧重于在从发酵罐进料流中移除不溶解固体的方法和体系，后者侧重于一种利用原位产物提取发酵产物醇的方法和体系，即通过将来源于生物质的油转化成提取溶剂的方法及其在移除发酵液中产物醇的应用，从而实现提高发酵效率和增加醇类产品产量的效果。

希乐克公司的专利申请 NZ717336 涉及一种秸秆类生物质加工方法，即糖化的纤维素或木质纤维素材料经盐水中的微生物发酵产生乙醇等产物。

阿普艾知识产权控股有限责任公司提交的 5 件专利申请 CA3015090、BR112016022614、CN201680022630.6、PCT/US2016/018556 和 EP2016753095（其中前 3 件已转移给格兰生物科技知识产权控股有限责任公司），内容均涉及从甘蔗渣或玉米秸秆等木质纤维素生物质生产乙醇的方法，该方法包括将木质纤维素生物质原料引入单级消化池，使半纤维素溶解在液相中，并且提供富含纤维素的固相；在机械精炼机中将该富含纤维素的固相与该液相一起精炼，得到精炼的富含纤维素的固液相混合物；在水解反应器中用纤维素酶来酶促水解该混合物，以产生可发酵糖进入发酵罐中发酵产生乙醇。

塞瑞斯公司的专利申请 BR112013032231 和 PCT/US2012/042794 涉及一种通过转基因技术获得具有高蔗糖纯度和高糖含量秸秆的高粱品种及其秸秆用于制备生物乙醇的方法。

波特研究公司的专利申请 US12/716984 涉及一种用于生产乙醇和其他生物产品的生物质预处理系统。该系统包括加热和稀酸预处理生物质的方法，将预处理的生物质分离成包含戊糖的液体组分和包含纤维素和木质素的固体组分的装置，以及发酵装置和蒸馏装置。

3.3.1.2 秸秆固化成型技术

秸秆固化成型技术是在一定压力和温度下，将松散的秸秆原料压缩成规则的、密度较大的成型燃料的技术。成型后的秸秆燃料在运储效率和燃烧供热效率方面均有所提高，体积缩小近80%，单位质量热值提高40%~60%，而且其燃烧烟气中SO_2、NO_x等气体排放浓度均低于国家排放标准，可实现二氧化碳"近零排放"，是绿色环保的常规燃料替代品。秸秆固化成型技术主要包括预处理和压缩成型两个步骤，秸秆含水率、碱金属含量、黏合剂的选择是该限制技术发展的主要因素。该技术领域的专利申请内容主要集中在：以秸秆为主要成分的复合生物质颗粒燃料配方及其制备方法，生产秸秆压块燃料的工艺、黏合剂的选择，以及用于秸秆压缩成型的压块机、造粒机、挤压成型机等成型设备的研发。

GB244517A 公开了一种用于秸秆压块的黏合剂，使用该黏合剂可以通过加压或不加热处理将秸秆形成压块。

US4308033A 报道了一种秸秆颗粒燃料及其压力成型工艺，包括通过该颗粒有效燃烧而不会形成大量不可燃灰分。将秸秆等有机纤维材料粉碎，水分含量控制在约16%~28%，并且混入蜡质材料，在压力下将模具中的有机纤维材料成型为表面涂覆蜡质的颗粒，该颗粒燃料的燃烧特性得到改善；之后 WO1983004049A1 中对秸秆燃料块的配方成分和生产工艺进行了优化，加入了飞灰作为黏合剂，并对黏合剂比例、压块机挤出喷嘴压力、原料预热温度等参数进行优化。

由我国农业农村部规划设计研究院、中国科学院过程工程研究所等六家科研机构及企业申请的 CN201110123139.1、CN201210596175.4、CN201010130394.4、CN201010120867.2、CN201020183434.7 和 CN201020519186.9 涉及与秸秆固化成型燃料生产相关的配方、制备方法、抗结渣添加剂、汽爆或稀酸、纤维素酶酶解等预处理以及用于秸秆颗粒压缩成型的行星轮式内外环模加压模装置、双模对压互挤秸秆颗粒机等内容。

3.3.1.3 秸秆制沼技术

利用秸秆制备沼气是一种成本低、能效高、绿色循环的秸秆处理方式。秸秆制沼技术是利用混合微生物厌氧发酵手段回收生物质能的技术。在发酵过程中，微生物通过分解代谢获得自身所需物质和能量，同时将大部分物质转化成沼气。沼气技术的关键在于厌氧消化过程，该过程大致包括水解、发酵、乙酸化和产甲烷4个阶段。该技术领域的专利申请内容涉及厌氧发酵生产沼气的方法、菌种、工艺与装置，以及沼气发酵与净化、供气、发电等环节的联合应用。

ANDIGESTION LTD 公司的专利申请 GB2014014046 涉及一种用于厌氧发酵的秸秆等原料的制备方法和设备以及相关的厌氧发酵制沼气方法。

安徽龙王山农业股份有限公司和江苏农业科学院的专利申请 CN201620397993.5 和 CN201210474693.9 涉及一种沼气发酵装置、秸秆厌氧发酵产沼气促进剂及其制备方法和应用。

3.3.1.4 秸秆热解技术

秸秆热解技术是生物质资源化利用的主要技术之一。热解是在缺氧或无氧条件下，经过热化学过程将秸秆生物质转化为生物气、生物油和生物炭等高附加值产品的技术，也可以根据工艺分为热解气化、热解液化和热解炭化。生物质先在干燥阶段脱水，继而从预热解阶段进入热化学反应过程，并在催化剂作用下发生脱氧、脱羰和低聚反应，最终生成生物气、生物油和生物炭产品。实际生产中，可以通过控制热解温度和反应时间来调控不同产物的比例，以获得相应的主产物[76]。该技术领域的专利申请内容主要涉及秸秆炭化制备生物炭的方法、装置、相关产品及其应用和热解气化装置及炉体、腔室、输气管、净化器、气油分离器等结构部件的升级改进。

US3252773A 中提出了一种含碳燃料的气化方法，通过使固体碳质材料和蒸汽在包含碱金属化合物的熔融反应介质中反应来制备含氢气体。碳质材料是煤（各种等级）、褐煤、焦炭（来自煤或石油）、泥炭石墨、木炭、木材、锯末、非木材、作物秸秆（例如甘蔗渣、棉秆）、糖和纤维素废弃物等。

US4421524A 中提出了一种将有机材料转化为燃料的方法。将有机含碳材料（如稻草、木屑、锯末或来自污水处理厂的灭菌废弃物）在热解反应器中进行加热，从而排除来自有机材料的挥发物，包括氢气和一氧化碳气体、水蒸气和焦油，同时留下木炭。然后使挥发物通过基础材料，其温度基本高于热解温度，引起焦油和挥发物的化学反应，输出主要由一氧化碳和氢气组成的气体混合物。

中国科学院广州能源研究所的专利 CN1098911C 提出了一种生物质循环流化床气化净化系统，采用空气预热式循环流化床作为燃气生成和空气预热系统，由旋风分离器、文丘里管和水洗塔构成燃气净化系统，还具有污水处理池等污水处理及循环系统，该系统适用性广，可以单独或同时处理几种废料，日处理废料量 10~200 吨，所产生的燃气可发电百级千瓦时到千级千瓦时，而且耗水量低，热效率高。

丹麦技术大学在专利申请 US7931783B2 中提出了一种新的热解方法和装置，装置包括离心机室和转子，转子设置成在所述生物质上施加旋转，离心室在离心力的作用下向外推动生物质，围绕离心机室同轴布置的炉将离心机室的外部反应壁处的温度保持在升高的温度，以在反应壁处或附近实现热解过程。该装置还包括与离心机室同轴设置并被其包围的冷凝器。

3.3.1.5 秸秆直燃技术

秸秆直燃技术主要包括秸秆直燃供热技术和秸秆直燃发电技术。秸秆直燃供热系统是以秸秆为燃料，以专用钢化炉为核心形成的供热系统，该系统由秸秆直燃热水锅炉、配套的秸秆收集与前处理系统和供热管路等组成。秸秆直燃发电技术是把秸秆原料送入锅炉中直接燃烧产出高压水蒸气，通过汽轮机的涡轮膨胀做功，驱动发电机发电的技术。目前，该技术主要有水冷式振动炉排燃烧发电技术和流化床燃烧发电技术。该技术领域的专利申请内容主要涉及以秸秆为燃料提高其燃烧效率的锅炉、燃烧室等燃烧装置的设计与改进以及其在采暖、发电和炊事方面的应用。

WO1994001723A1 中提出了对燃烧器的改进设备，包括具有上游和下游端的燃烧室、鼓风机、点火器以及若干筛网，其延伸穿过燃烧室且在流动方向上彼此间隔。此外，该燃烧器可用于土壤消毒器和残茬燃烧器，包括底盘、捡拾装置、进料装置、切碎机和鼓风机，以将植物物质输送至燃烧器的上游，燃烧气体通过排放装置引导到地面上。

西门子公司在 DE19531027A1 中提出了蒸汽发生器，包括第一燃烧室和第二燃烧室，在第一燃烧室中通过燃烧第一燃料产生气态工作流体，在第二燃烧室中燃烧第二燃料。第二燃烧室相对于工作流体的流动方向位于第一燃烧室的下游。当蒸汽发生器运行时在第一燃烧室中产生的工作流体用作第二燃烧室中的燃烧空气，该装置能有效提高秸秆类生物质的燃烧效率。

CN201225613Y 中提出了一种燃用秸秆类生物质循环流化床锅炉，包括炉膛、给料口与皮带给料机相连接；皮带给料机连接炉前料仓，炉前料仓通过输送皮带与压缩成型设备连接；在炉膛四周壁面设有水冷蒸发屏受热面，炉膛的顶部出口与旋风分离器连接，旋风分离器的顶部出口连接烟道。该设备具有给料顺畅、不易搭桥堵塞、流化均匀、床层不易结团、结焦，受热面耐高温腐蚀且燃烧效率高、燃料适应性广等优势。

CN109578961A 涉及一种生物质气化耦合直燃发电系统及方法，包括生物质气化系统和生物质直燃发电系统；生物质气化系统包括生物质气化炉和换热器；生物质气化炉与换热器连接；换热器与生物质直燃发电系统连接；生物质气化炉用于将生物质气化成高温燃气，并传输至换热器；换热器用于对高温燃气进行换热，并传输至生物质直燃发电系统；生物质直燃发电系统用于接收高温燃气，以进行发电；该技术方案可有效省去原生物质气化发电系统中的除尘、除焦油等净化装置，利用直燃发电系统的发电装置，具有系统总成本低、运行稳定、污染排放物少等优点。

3.3.2 技术发展路线

根据前述分析结合专家咨询，对秸秆能源化利用技术进一步开展技术发展路线分析。以被引频次、同族专利数量、同族专利分布国家或地区、专利维持期限、是否为基础专利、是否有专利许可情况和专利异议及诉讼为主要考量指标，结合重要时间节点：最早申请专利时间、专利申请量最大时间找出该技术分支下的重点专利，制作出该技术分支的技术路线图，并通过人工阅读从发明点、解决的技术问题、采用的技术手段、达到的技术效果来解读重点专利。

秸秆能源化技术整体可以分为5个技术分支，包括固化成型技术、直燃技术、热解气化技术、液化技术以及发酵制沼技术。其中，直燃技术和固化成型技术起源最早。下面分别从各个分支解读相关技术的发展脉络（图3-27）。

3.3.2.1 固化成型技术

秸秆固化成型技术技术发展脉络主要表现为：在1960年以前，主要体现在压块机工艺和设备；1960—1980年提出了秸秆焦化作为焦炭燃料的方法；1980—2000年着眼于秸秆压块的成型工艺和添加黏合剂的压块优化技术；2000—2010年，一些具备"冷成型""无需添加黏合剂或无需加热""抗结渣"的秸秆固化技术逐渐兴起，并出现了双环膜加压固化技术；2011年至今，辊筒式、行星轮式秸秆颗粒成型机、秸秆颗粒燃料制备方法和工艺、秸秆颗粒成型一体化设备越来越广泛。

秸秆固化成型技术最早可以追溯到1900年，美国出现了一种制造稻草、泥炭及其

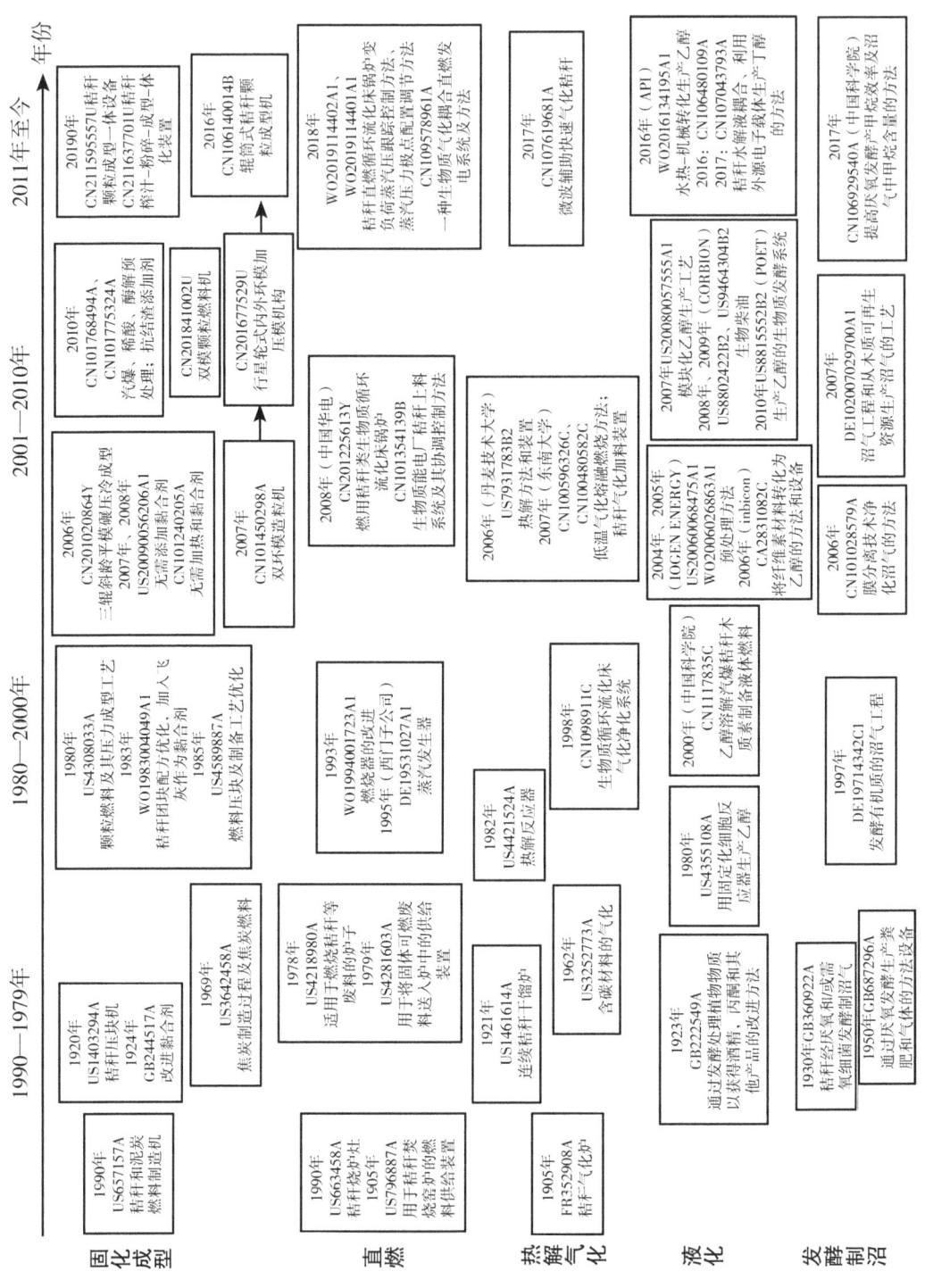

图3-27 秸秆能源化利用技术发展路线

他燃料的机器，1920年，美国研制出秸秆压块机，通过加热、加压将秸秆压缩成团块，1924年，英国公开了一种用于秸秆压块的黏合剂，使用该黏合剂可以通过加压或不加热处理将秸秆形成压块。在此期间相关技术均基于黏合剂和压块机进行改良；1969年，美国公开了秸秆焦化形成焦炭燃料的方法。

1980年，美国研制出一种秸秆颗粒燃料及其压力成型工艺，包括通过该颗粒有效燃烧而不会形成大量不可燃灰分。将秸秆等有机纤维材料粉碎，水分含量控制在16%~28%，并且混入蜡质材料，在压力下将模具中的有机纤维材料成型为表面涂覆蜡质的颗粒，该颗粒燃料的燃烧特性得到改善；之后丹麦对秸秆燃料块的配方成分和生产工艺进行了优化，加入了飞灰作为黏合剂，并对黏合剂比例、压块机挤出喷嘴压力、原料预热温度等参数进行优化。

进入21世纪后，涉及压缩成型的装置以及降成本、降能耗、简化工艺为导向的冷压、无黏合剂固体燃料工艺的技术研发逐渐增多。2006年，燕山大学研制出一种三辊斜齿平模碾压秸秆颗粒冷成型造粒机，2007年，陈焕斌提出一种双环模造粒机，使用该设备可以大幅度降低环模转速，解决了造粒过程中产品温升幅度过高和动力消耗过大的问题。在此基础上，2010年，北京汉坤科技有限公司研制出一种用于秸秆颗粒压缩成型的行星轮式内外环模加压模机构，实现了提高秸秆颗粒的生产效率、降低生产能耗、结构紧凑、体积小巧的效果。2010年，天津特斯达生物质能源机械有限公司研制出双模对压互挤秸秆颗粒机，该装置对原材料湿度、粉碎细度要求放宽，实现了提高工作效率、降低成品颗粒价格的效果。

2016年，启迪桑德环境资源股份有限公司研发出一种辊筒式秸秆颗粒成型机及成型方法，该技术工艺成型前无需对秸秆进行粉碎、加热等预处理措施，而且颗粒成型效果好，生产效率高，能耗低；该技术适应性广泛，可与秸秆拾取机械联合使用，在秸秆拾取的同时直接将秸秆加工成颗粒，节省秸秆的中间转运时间和成本。除了固化成型设备的升级更新以外，对于秸秆的预处理方法和配方也进行了改良，中国科学院过程工程研究所提出了对秸秆进行汽爆、稀酸、酶解预处理的方法，实现了成型容易、热值增大、提高灰熔点、提高燃烧性能、减少、结焦和对锅炉腐蚀的效果；农业农村部规划设计研究院提出了一种生物质固体成型燃料抗结渣添加剂及制备方法，用于解决秸秆类生物质固体成型燃料碱金属含量高，在燃烧过程中结渣等问题。

近年，秸秆固化成型一体化设备逐渐研发。2019年，桐柏今达物流有限公司公开了一种秸秆颗粒成型一体化设备，包括动力底盘，所述动力底盘前端依次设有收集装置、切割装置、第一输送装置、秸秆进料腔及第二输送装置，所述动力底盘表面分别设有液压系统、传动电机、与传动电机连接的减速器、粉碎装置、成型装置及第三输送装置，所述动力底盘后端设有与第三输送装置输出端连接的存储仓；所述第一输送装置两端通过轴承座置于秸秆进料腔的两侧板之间，所述秸秆进料腔两侧板分别铰接有连接撑，所述连接撑另一端分别与收集装置和切割装置的两端固定。与现有技术相比，该实用新型能够一次性完成田间秸秆到生物质燃料颗粒燃料的转变，解决秸秆收集和储存问题，满足秸秆的收集运输加工要求。

另外，多家单位也开始对一体化设备的研发。例如，吉林大学公开了一种新鲜玉米秸秆榨汁—粉碎—成型一体化装置，为克服现有设备功能单一、集成度低、处理成本高、生产效率低、资源化综合利用率低与产品质量参差不齐的问题，其包括榨汁系统、粉碎揉搓系统、成型系统以及机体外壳。

3.3.2.2 直燃技术

秸秆直燃技术可用于发电或发热，可作为新的清洁能源供给源。直燃发电技术是将运输到发电厂的生物质原材料经过粉碎和筛选之后运输到原料仓进行储存，之后再通过输送带运输到给料机中，通过给料机的输送带将秸秆送进锅炉中燃烧，燃烧的化学能转换为可被利用的热能，由烟气携带并与锅炉水冷壁中的给水进行换热。燃烧所产生的烟气经过炉膛再进入到烟道当中，利用水冷壁中的水分吸收热能之后再进行转化成可以被使用的水蒸气运输到蒸汽轮机当，蒸汽的热能就转化成机械能，由传统模式的驱动发电机运转发电，转变为电能，这样就实现生物质能直燃发电的全过程。直燃供热技术是将秸秆由自动给料装置均匀输送至秸秆直燃锅炉的炉排，随着炉排的转动将秸秆送入炉膛内燃烧。燃烧后产生的烟气经过滤袋除尘器和高效烟气净化器进行除尘、脱硫、脱氮和除去重金属等物质，烟气净化达标后排入大气。产生的热能用于供暖等热源需求。

1990年以前初始阶段，秸秆直燃技术着眼于燃烧炉、燃烧器的设备研发。1900年由HUGH E MCCONNELL提出了秸秆烧炉灶设备，成为秸秆直燃技术利用的开端。5年后，CASPER ZIMMERMAN又提出了用于秸秆焚烧窑炉的燃料供给装置。一直到1978、1979年，直燃技术仍聚焦在燃烧炉以及燃料供给装置上。1988年，丹麦BWE公司投资建设的世界上第一家秸秆直燃电厂投入运行。

1990—2000年，秸秆直燃技术倾向于对已有设备的改进，提出了蒸汽发生器设备。丹麦的ELSAM公司在对Benson型生物质锅炉的改造中采用了先进的两段式加热技术，经改造后的锅炉，农作物秸秆和林木剩余物等生物质燃料可以在其炉栅上进行充分燃烧。同时，为了减轻烟气中有害物质对锅炉的腐蚀和磨损，在锅炉管道和炉膛内还专门设计了纤维过滤器。1993年，HARVEY BUSH提出了对燃烧器的改进设备，包括具有上游和下游端的燃烧室、鼓风机、点火器以及若干筛网，其延伸穿过燃烧室且在流动方向上彼此间隔。另外，该燃烧器可用于土壤消毒器和残茬燃烧器，包括底盘、捡拾装置、进料装置、切碎机和鼓风机，以将植物物质输送至燃烧器的上游，燃烧气体通过排放装置引导到地面上。1995年，西门子公司提出了蒸汽发生器，使用生物质作为燃料以实现特别高的效率。包括第一燃烧室和第二燃烧室，主要燃料是生物质，特别是稻草。在第一燃烧室中通过燃烧第一燃料产生气态工作流体，在第二燃烧室中燃烧第二燃料。第二燃烧室相对于工作流体的流动方向位于第一燃烧室的下游。当蒸汽发生器运行时，在第一燃烧室中产生的工作流体用作第二燃烧室中的燃烧空气。

2000—2010年，提出了循环功能的流化床锅炉，开启了秸秆直燃循环模式的先端。国外，Ravindranath和Buragohain（2010）以印度Hosahalli village为例，提出一种基于生物质气化的分散式发电系统，并介绍了系统的组成。Lee分析了日本林木生物质发电的现状，提出蒸汽锅炉发电可以有效提高生物质发电过程中的能量利用，并建立了一套循环流化床式生物质气化系统。国内，2008年中国华电科工集团有限公司提出了一种燃用秸秆类生物质循环流化床锅炉。包括炉膛、给料口与皮带给料机相连接；皮带给料机连接炉前料仓，炉前料仓通过输送皮带与压缩成型设备连接；在炉膛四周壁面设有水冷蒸发屏受热面，炉膛的顶部出口与旋风分离器连接，旋风分离器的顶部出口连接烟道。该设备可直接燃烧秸秆类生物质，具有给料顺畅、不易搭桥堵塞、流化均匀、床层不易结团、结焦，受热面耐高温腐蚀且燃烧效率高、燃料适应性广等特点。之后被9家单位多项技术引用。

同年，中国能源建设集团江苏省电力设计院有限公司提出了生物质能电厂黄色秸秆的上料系统及其协调控制方法。分包平台通过分包平台侧链板输送机和破碎机侧链板输送机与秸秆破碎机的进口连接；秸秆破碎机的出口通过大倾角波状挡边带式输送机与炉前料仓分配器连接；与炉膛相通的锅炉给料螺旋输送机与炉前料仓分配器连接；其中，分包平台、分包平台侧链板输送机、破碎机侧链板输送机、秸秆破碎机、炉前料仓分配器和锅炉给料螺旋输送机均为2套，且每套配合连接后均与1套大倾角波状挡边带式输送机连接。该发明中设置2套互为备用的系统，并对上料系统进行顺序启停、自动调节、连锁及保护功能的协调控制，可以保证生物质能电厂锅炉的稳定运行并适应电负荷变化的需要。

2010年以后，秸秆直燃设备的跟踪控制以及多种方式耦合利用的设备逐渐研发。2018年，浙江工业大学提出了一种秸秆直燃循环流化床锅炉变负荷蒸汽压跟踪控制方法。该方法根据蒸汽压目标值定义跟踪偏差的积分量，进而建立秸秆直燃循环流化床锅炉蒸汽压与秸秆燃烧量连续时间扩展动态模型，并利用MatLab函数care的计算结果，设计一个秸秆直燃循环流化床锅炉变负荷蒸汽压自动跟踪控制器，实现秸秆直燃循环流化床锅炉变负荷蒸汽压对目标值的自动跟踪控制。该控制方法提高秸秆直燃循环流化床锅炉燃烧系统运行的控制水平。

2018年，北京国电龙源环保工程有限公司提出生物质气化耦合直燃发电系统及方法，包括生物质气化系统和生物质直燃发电系统：生物质气化系统包括生物质气化炉和换热器，生物质气化炉与换热器连接，换热器与生物质直燃发电系统连接，生物质气化炉用于将生物质气化成高温燃气，并传输至换热器，换热器用于对高温燃气进行换热，并传输至生物质直燃发电系统；生物质直燃发电系统用于接收高温燃气，以进行发电。采用上述方案，可以增强发电系统原料适用性，解决生物质锅炉燃用农作物秸秆时热负荷不高的问题，本发明提供的方案，可有效省去原生物质气化发电系统中的除尘除焦油等净化装置，利用直燃发电系统的发电装置，具有系统总成本低、运行稳定、污染排放物少等优点。

3.3.2.3 热解气化技术

生物质气化是指生物质在气化介质的参与下，通过一系列的热化学反应过程，转化为可燃气体及生物炭的过程。生物质热解是指在完全缺氧的条件下，生物质受热后分解为可冷凝液体、可燃气体和固体木炭3个组成部分的过程。热解是一种绝热过程。

热解工艺与气化工艺的重要区别是热解工艺入炉物料含水率要求高，一般需将物料干燥至5%~10%的含水率方能进入热解炉。与气化气相比，由于热解过程属于隔绝空气加热过程，热解气热值可以达到13兆焦/立方米的水平，远高于气化热值，并且热解炭的售价也高于气化炭。热解还同时将热燃气进行降温，得到了焦油木醋液等液相产品进行销售，外售产品多元化。

在热解气化技术和设备研发方面，最初着眼于气化炉设备的研发。法国于1905年由CIE DU GAZ H RICHE首次提出了秸秆气化炉，可以将稻草、甘草、甘蔗渣等燃料进行气化。到1921年MANUFACTURES CHEMICAL COMPANY提出了一种连续秸秆干馏炉。该技术被后来1956—1982年的多项专利所引用。1962年，美国普尔曼公司提出了一种含碳燃料的气化方法，通过使固体碳质材料和蒸气在包含碱金属化合物的熔融反应介质中反应来制备含氢气体。碳质材料是煤（各种等级）、褐煤、焦炭（来自煤或石油）、泥炭石墨、木炭、木材、锯末、非木材、作物秸秆（例如甘蔗渣，棉秆）、糖和纤维素废弃物等，并且对材料形态没有要求。碱金属化合物可以是碱金属碳酸盐和氢氧化物中的一种或多种，但是在反应条件下可转化成碳酸盐和氢氧化物的平衡混合物的任何碱金属化合物。该技术开启了气化方法和气化新产品的先端。

1980年以来，在热解气化方法上进行了深入探索。1982年，CHITTICK DONALD E提出了一种将有机材料转化为燃料的方法。将有机含碳材料（如稻草、木屑、锯末或来自污水处理厂的灭菌废弃物）在热解反应器中进行加热，从而排除来自有机材料的挥发物，包括氢气、一氧化碳、水蒸气和焦油，同时留下木炭。然后使挥发物通过基础材料，例如热焦炭，其温度基本上高于热解温度，例如热解温度在950℃及以上，引起焦油和挥发物的化学反应，使主要由一氧化碳和氢气组成的气体混合物输出，其特征在于不存在焦油。该设备包括热解反应器，其中设置有初始的木炭装料。提供入口用于引入有机材料，并且为所得气体和灰分产品提供出口。反应器布置允许有机挥发物和焦炭连续通过反应器，从而使反应器的热解部分中不断补充有机物料，并且通过裂解反应产生的炭补充炭床。该项技术已被引用76次。

1990年以后，随着热解气化技术的发展，产生的气体如何净化值得关注。因此，1998年，中国科学院广州能源研究所提出了一种生物质循环流化床气化净化系统，采用空气预热式循环流化床作为燃气生成和空气预热系统，由旋风分离器、文丘里管和水洗塔构成燃气净化系统，还具有污水处理池等污水处理及循环系统，具有适用性广，技术性能高的特点，可以单独或同时处理几种废料，包括木屑、谷壳、秸秆或甘蔗渣等，日处理废料量可以从10吨到200吨，所产生的燃气可发电几百千瓦时到几千千瓦时，而且耗水量低，热效率高（大于16%）。

2000年以后，热解气化设备的更新更为频繁，技术方法更多样，产业化应用更广泛。2006年，丹麦技术大学提出了一种新的热解方法和装置，目前仍是有效专利，并进行了技术转移，被引频次24次。该专利包含了34项权利要求，智慧芽专利价值评估体系对其估价为128万美元。该专利技术涉及用于从生物质（例如稻草）生产热解液体（例如油或焦油，焦炭和热解气体）的快速热解设备，包括离心机室和转子，其中转子设置成在所述生物质上施加旋转，离心室在离心力的作用下向外推动生物质，围绕离心机室同轴布置的炉将离心机室的外部反应壁处的温度保持在升高的温度，以在反应壁处或附近实现热解过程。该装置还包括与离心机室同轴设置并被其包围的冷凝器，该装置可以由移动单元容纳，用于同时从田地收集生物质并处理该装置中的生物质。

2007年，国内东南大学发明了生物质秸秆燃烧、气化的加料装置，并提出了一种秸秆低温气化熔融燃烧方法。其优点在于：一是采用循环流化床低温气化技术，可以适用于任何种类的秸秆及其混合物，并可大型化生产，单台循环流化床气化炉即可和12兆瓦或25兆瓦发电系统匹配。二是气化炉产生的气化产物（可燃气、可燃气携带的飞灰、焦油等）直接进入熔融炉，焦油在熔融炉内彻底分解燃烧，彻底解决焦油问题。三是气化炉内添加的石灰等吸附剂可实现干法定向脱除硫、氯、氟等污染物，特别是深度脱氯之后，可以防止金属材料的高温腐蚀，因此可以采用常规材料制造后面的余热锅炉，大大节省投资费用，并实现高效发电。四是采用旋风熔融炉，可燃气、可燃颗粒与助燃空气之间存在较大的相对速度，气气反应、气固反应充分，可将过剩空气系数控制在较低的水平，同时实行分级燃烧，从而大大减少 NOx 排放和尾部烟气热损失。目前该技术仍然有效，并且向企业进行了转移和产业应用。

2010年以后，热解气化的气化炉、气化净化装置的研发和更新以及新的热解气化方法、工艺陆续提出。如南昌大学提出了一种微波辅助快速气化秸秆方法。优点在于：一是微波吸收床层的热传递和物料吸波双重加热效果，使反应物快速升到目标温度，大大缩短了气化时间，同时热解气体经过高热球形碳化硅床层，有效促进二次热解，明显减少气体中焦油的含量，提高了热解气体产率和品质。二是外磨口石英杯与内磨口石英杯侧边缝隙催化剂床层的引入充分发挥了外部催化的优势，延长催化剂使用寿命，对了热解气体进行有效催化重整，显著提高了 H_2 和 CO 的含量。

3.3.2.4 液化技术

秸秆液化技术在2005年以前发展比较缓慢，每年只有零星的几件专利申请，2005年以后发展较为迅速。秸秆液化技术主要以生产醇类、酮类、烷烃类物质的方法、工艺和设备为主，秸秆液化产物主要以醇类、酮类、生物柴油等燃料。

从重点技术进展来看，2005年以前，秸秆液化技术以生产醇类、酮类产品为主。英国最早于1923年提出了利用稻草秸秆通过发酵处理获得酒精、丙酮和其他产品的方法，是通过用稀释的无机酸在压力下加热稻草或草而得到的麦芽碱乙酸杆菌发酵制备的。通过频繁添加碱如石灰，发酵过程中的麦芽汁保持微碱性。通过蒸馏将醇和丙酮与发酵醪分离，并且有机酸作为盐保留在溶液中。在发酵过程中产生二氧化碳和氢气的混合物。直到1980年，密苏里大学提出了用固定化细胞反应器生产乙醇的技术，被多项专利引用达27次，并且进行了权利转移。通过在第一水解阶段用稀酸溶液处理纤维素材料以将戊聚糖水解成木糖，从所得水解产物中分离固体，在浓缩酸的第二水解阶段处理固体，由纤维素材料如玉米秸秆生产乙醇。将己糖水解成葡萄糖，并通过将葡萄糖溶液通过将酵母与多官能剂连接到涂覆在固体载体上的蛋白质材料制备的固定酵母膜上，将葡萄糖发酵成乙醇。使用第一水解阶段避免了糠醛的产生，该糠醛是有毒的并且抑制酵母发酵。从第一阶段产生的木糖也可以用酵母的固定膜发酵成乙醇。

2005年，中国科学院过程工程研究所提出了乙醇溶解汽爆秸秆木质素制备液体燃料的方法。同族专利2项，被引频次26次。以汽爆秸秆为原料，在高压反应釜中，用乙醇萃取汽爆秸秆中的木质素；再用真空抽滤得滤液，并将汽爆秸秆滤渣进行同步糖化固态发酵乙醇，乙醇萃取液及真空抽滤所得滤液即为发明方法制备的液体燃料，该方法简便、经济有效，生产过程中，不需蒸出乙醇，可实现秸秆木质素生物量的全利用，成本低廉，所得燃料清洁，有效解决燃料能源日趋紧缺的问题。

2004年、2005年艾欧基能源公司提出了一种秸秆原料的预处理方法。目前仍为有效专利，被引用31次，智慧芽专利价值评估体系对其估价为12万美元。该方法中原料选自草、稻谷秸秆或其组合，并且至少约80%的原料具有约2厘米至约40厘米的长度。包括在液体中润湿原料，将湿原料通过一个辊压机或一系列辊压机压榨以从润湿的原料中除去至少一部分水和可溶物质，并剪切原料以产生尺寸适合于在浆化时以约8%至约20%的固体浓度泵送。在该系列辊压机中的至少一个辊压机或至少一个辊压机包括具有周向"V"形槽的辊。将压制的原料颗粒制浆以产生具有约8%至约20%的稠度的浆料原料，并将浆化的原料泵送到预处理反应器中。浆化原料的稀酸预处理在160℃至280℃的温度下进行。

2006年，因比肯公司（INBICON A/S）提出了一种将纤维素材料（例如切碎的秸秆和玉米秸秆）和家庭垃圾转化为乙醇和其他产品的设备和方法。同族专利达50项。纤维素材料在不添加化学品的情况下进行连续水热预处理，产生液体和纤维部分。将纤维分级进行酶促液化和糖化。具体方法包括：①通过对纤维素材料进行至少一次浸泡操作，通过至少一个加压反应器输送纤维素材料，对纤维素材料进行至少一次压制操作，进行水热预处理，产生纤维部分和液体部分；②选择水热预处理的温度和停留时间，以保持原料的纤维结构，将至少80%的木质素保持在纤维部分中。

2007年，美国NGUYEN XUAN NGHINH提出了将木质纤维素组分分离成可发酵糖以生产乙醇和化学品的综合方法。主要特征是采用连续和模块化工艺，转化木质纤维素材料，主要用于生产乙醇和（或）化学品，如甲醇、丁二醇、丙二醇、碳氢化合物燃料等。可再生木质纤维素生物质，例如硬木（树胶、山毛榉、橡木，甜胶），杨树，桉树等，软木（松树、冷杉、云杉等）、玉米穗、秸秆、草、再生纸、纸浆和造纸厂的废物等可用作原料。该工艺设计为模块化，进料入口点可根据不同的生物质原料进行选择。木质纤维素生物质（如硬木和软木）经过化学/压力处理阶段，使用强效和选择性化学物质，如亚氯酸钠/乙酸（无水）和氯/二氧化氯，以分离主要成分木质素、纤维素（葡萄糖）和半纤维素（木糖、阿拉伯糖、半乳糖）——分为3个过程流。分离的碳水化合物进一步经受洗涤、清洁、中和和（或）温和水解，随后发酵产生乙醇。残留的木质素和纤维素抽提物通过化学处理步骤去除，以促进纤维素的发酵。中和后的预水解液中和并去除含有木糖、阿拉伯糖、半乳糖、己糖（葡萄糖）的醋酸、糠醛、酚类等有毒成分，可单独或与纯化的纤维素部分一起发酵生产乙醇。大约100加仑乙醇，适合用作燃料，可以从 1 吨干木材中生产出来。大量的木质素作为副产品被分离出来，可以转化为碳氢燃料、表面活性剂、钻井辅助剂，或者可以焚烧发电和蒸汽。

2008 年，出现了制备生物柴油的技术（US8802422B2）。来自索拉兹米公司，目前仍为有效专利，被引用 20 次，并将技术转移到柯碧恩生物技术公司，同族专利 67 项，并且多数专利也进行了技术转移，智慧芽专利价值评估体系对其估价为 496 万美元，是一项高价值专利。该专利提供了由含油微生物发酵产生的甘油三酯油制备烷烃的方法。该方法可以使用多种碳水化合物原料，包括甘蔗渣、甜菜浆、玉米秸秆、甘油、玉米淀粉、高粱、糖蜜、废甘油和其他可再生材料。这些方法还包括加氢处理、加氢裂化、异构化、蒸馏和其他石油化学方法，用于与含油微生物和由其衍生的产物制造燃料。具体实施方案包括 ASTM D975 和 ASTM D1655 兼容燃料的制造。该技术方案提供的基因工程微生物可用于制造可再生柴油和可再生喷气燃料。

2010 年，NARENDRANATH NEELAKANTAM V 公开了一种生物精炼厂和用于由生物质生产发酵产物的系统。目前仍为有效专利，技术转移到波特研究公司，被引用 15 次，智慧芽专利价值评估体系对其估价为 66 万美元。该技术提出的生物精炼厂包括制备系统以将生物质制备成制备的生物质；预处理系统，用稀酸预处理制备的生物质，以分离成戊糖可以进行发酵的第一组分和可以使己糖用于发酵的第二组分；第一处理系统，通过从第一组分中除去的组分，将第一组分处理成经处理的第一组分；第一发酵系统，由戊糖产生第一发酵产物；从第一发酵产物中回收乙醇的蒸馏系统；以及处理被移除组件的处理系统。生物质包括木质纤维素材料，包含玉米穗轴、玉米植物壳、玉米植物叶和玉米植物茎等 1 种或几种。

2016 年至今，秸秆生产醇类物质的生产工艺、设备不断更新，涌现出更多改良的或新的装置设备以及新的生产工艺方法，并且液化产物种类也越来越多，包括乙醇、丁醇、木糖、木质素、纤维浆、糖醛、黄腐酸等。如：阿普艾知识产权控股有限责任公司提供了一种将木质纤维素生物质水热—机械转化为乙醇或其他发酵产物的低成本方法，以使纤维素酶可接近木质纤维素生物质，产生可发酵糖的方法。同族专利 12 件，已被引用 3 次。该技术对从木质纤维素生物质（例如甘蔗渣或玉米秸秆）生产乙醇的方法进行了改变，包括将木质纤维素生物质原料引入单级消化器；将原料暴露于在消化器内包含蒸汽或液态热水的反应溶液中，以使半纤维素在液相中溶解并提供富含纤维素的固相；在机械精制机中将富含纤维素的固相与液相一起精制，从而提供精制的富含纤维素的固体和液相的混合物；用纤维素酶在水解反应器中酶促水解该混合物，以产生可发酵的糖；发酵可发酵的糖以产生乙醇；此外，还描述了许多替代过程配置。

2017 年，哈尔滨工业大学提出一种利用外源电子载体提高农作物秸秆水解液发酵丁醇产量的方法，它涉及农作物秸秆水解液发酵丁醇产量的方法，以解决现有丁醇发酵过程中发酵液的丁醇浓度较低、丁醇的选择性不高的问题。方法步骤：①玉米秸秆水解液的制备；②含有苄基紫精的发酵培养基的制备及发酵。可用于一种利用外源电子载体提高农作物秸秆水解液发酵丁醇产量的方法。

3.3.2.5 发酵制沼技术

秸秆发酵制沼技术起始于1930年，来自英国 ARTHUR MOSES BUSWELL，通过将玉米秸秆、甘蔗渣等物质的纤维状纤维素材料提供给污水污泥中发现的厌氧和（或）需氧细菌或其培养物的作用而产生的含有甲烷的可燃气体，当纤维素材料中容易分解的部分被破坏时，该作用终止。可使用热水或热稀酸（例如稀硫酸或石灰水）对纤维素材料进行预处理。在发酵过程中，通过将从缸内较低点抽出的液体引入缸内液体表面来防止过度起泡。之后，到1950年，英国 FRANCOIS LAURENTY 提出了用于蔬菜产品的厌氧发酵的方法和设备，具体是指用于生产粪肥和气体的方法和设备。1997年，德国 U T S UMWELT TECHN SUED 提出了发酵有机质的沼气设备，对不同组件进行了介绍。该专利被引用45次。之后一直到2005年，每年仅有零星几件专利申请，秸秆发酵制沼技术发展较为缓慢。2006年以后发展迅速，到2017年达到高峰期。

2006年，研发者提出膜分离技术净化沼气的方法，开启了膜分离技术在沼气上的应用。其原理是：利用膜材料对极性物质和非极性物质的选择性不同，而溶解-扩散速率不同，优先吸附的物质透过膜，从而将其分离。在本系统中，CH_4 是非极性物质，而 CO_2、H_2O 和 H_2S 都是极性物质、酸性气体，所以可同时分离脱除，以达净化目的。虽然该专利目前处于复审阶段，但是已被引用23次。

2007年，德国 FELDMANN MICHAEL 提出了一种用于从木质纤维素再生资源生产沼气的设备，主要包括至少一个用于生物质厌氧细菌发酵的发酵罐和用于通过研磨将秸秆机械分解装置。

2010年以后，有关秸秆沼气发酵的工艺、方法、设备、装置不断研发，出现了沼气池的构建、沼气原料的制备、发酵装置、发酵工艺以及多种物质耦合发酵的方法，以提高甲烷产率。例如，2017年中国科学院青岛生物能源与过程研究所提出了一种提高厌氧发酵产甲烷效率及沼气中甲烷含量的方法。已被引用5次。方法利用向固体废弃物发酵原料中加入 CaO_2，形成微好氧的环境，从而提高厌氧发酵产甲烷效率及沼气中甲烷含量，主要应用于秸秆、粪便等有机废弃物厌氧发酵制沼气领域，通过对反应体系添加少量的 CaO_2 可以提高厌氧发酵的水解速率，增加沼气中甲烷含量，提高发酵体系的稳定性。同年，湖南农业大学提供一种植物次生代谢产物在生物质厌氧发酵中的新用途，通过向生物质厌氧发酵原料中加入植物次生代谢产物，促进微生物的活动，从而提高生物质资源厌氧发酵产甲烷的含量。本发明主要应用于秸秆等农林废弃物、芒草等能源作物、畜禽废弃物、餐厨垃圾或其他固体废弃物等生物质厌氧发酵生产沼气领域，通过向厌氧发酵体系中加入少量的植物次生代谢产物可以促进厌氧发酵的启动，提高甲烷的产率。

3.4 重要专利

目前，重要专利的界定及其评价指标呈现多样化。一般认为，专利被引次数是体现专利价值的重要标准，被大量引用的专利对后续的发明创造具有重要的启示作用和极大的参考价值。如果一项专利被后续专利频繁引用，则说明该专利具有较大影响力，属于基础专利或核心专利。一件专利申请的权利要求可以有多项，项数越多体现出该技术发明的重要性越大。专利族大小是指同一个发明在不同国家获得的专利或提交的专利申请的数量，由于随着寻求保护国家数量的增加，专利申请和维护的成本增加，因此，申请人更愿意为具有较高价值的发明进行同族申请布局，专利族大小一定程度上反映出发明的技术重要性和经济重要性。专利强度是专利价值判断的综合指标，专利强度受权利要求数量、引用与被引用次数、是否涉案、专利时间跨度、同族专利数量等因素影响，其强度的高低可以综合反应该专利的价值大小。专利在诉讼过程中需要花费大量的时间和费用，能引发诉讼的专利一定是得到申请人或行业重视的专利，可以一定程度上反映出专利的重要程度。

本报告拟从专利被引量、权利要求数量、INPADOC同族规模、专利强度和是否发生诉讼等角度筛选出秸秆能源化利用技术领域的重要专利，以供相关研究人员和行业从业人员借鉴和参考。

3.4.1 基于专利被引量

梳理出秸秆能源化利用领域近十年以来被引用最多的TOP10专利申请（表3-3），其中，8件来自中国，申请机构包括5家企业和3家科研机构，涉及的科研机构包括农业农村部规划设计研究院、中国科学院过程工程研究所和江苏省农业科学院；其余2件来自美国，申请机构均为企业，为美国泰拉瑞亚控股公司（TERRAVIA HOLDINGS，INC.）和波特研究公司（POET RESEARCH，INC.）。

表3-3 秸秆能源化利用技术重要专利（一）

申请号	标题	申请日（年-月-日）	申请人（专利权人）	被引用专利数量/件
US13/029061	Renewable chemicals and fuels from oleaginous yeast	2011-02-16	泰拉瑞亚控股公司	93
US12/716984	System for pre-treatment of biomass for the production of ethanol	2010-03-03	波特研究公司	64
CN201620397993.5	一种沼气发酵装置	2016-05-05	安徽龙王山农业股份有限公司	36
CN201110123139.1	一种制备污泥成型燃料的方法及装置	2011-05-13	江苏欣法环保科技有限公司	35
CN201210596175.4	生物质固化成型燃料及其制备方法	2012-12-26	济南三农能源科技有限公司	34
CN201010130394.4	一种生物质固体成型燃料抗结渣添加剂及制备方法	2010-03-23	农业农村部规划设计研究院	32
CN201010120867.2	一种秸秆用于生物质发电与锅炉燃烧的成型燃料制备方法	2010-03-09	中国科学院过程工程研究所	29

(续表)

申请号	标题	申请日（年-月-日）	申请人（专利权人）	被引用专利数量/件
CN201020183434.7	一种用于秸秆颗粒压缩成型的行星轮式内外环模加压模机构	2010-04-30	北京汉坤科技有限公司	27
CN201210474693.9	秸秆厌氧发酵产沼气促进剂及其制备方法和应用	2012-11-21	江苏省农业科学院	26
CN201020519186.9	双模对压互挤秸秆颗粒机	2010-09-07	天津特斯达生物质能源机械有限公司	25

3.4.2 基于权利要求数量

梳理出秸秆能源化利用领域近十年以来权利要求数量最多的 TOP10 专利申请（表 3-4），这些专利申请分布在巴西、英国、加拿大、中国、欧盟等国家（地区），申请机构包括 5 家美国企业：阿普艾知识产权控股有限责任公司（API INTELLECTUAL PROPERTY HOLDINGS，LLC）、格兰生物科技知识产权控股有限责任公司（GRANBIO INTPROP HLDG LLC）、塞瑞斯公司（CERES INC）、波特研究公司（POET RESEARCH，INC.）、布特马斯先进生物燃料有限责任公司（BUTAMAX TM ADVANCED BIOFUELS LLC）以及 1 家英国企业 ANDIGESTION LTD。

表 3-4 秸秆能源化利用技术重要专利（二）

申请号	标题	申请日（年-月-日）	申请人（专利权人）	权利要求数量/件
BR112013032231	New sorghum plant comprising an exogenous nucleic acid comprising a regulatory regionoperably linked to a plant sterility sequence, useful e.g. in food, agricultural and energy production industries and reducing ergot fungal infections	2012-06-15	CERES INC.	70
PCT/US2012/042794	Sorghum with increased sucrose purity	2012-06-15	CERES INC. | PORTEREIKO, MICHAEL, F.	70
RU2013102308	Producing fermentative alcohol product e.g. butanol, by separating undissolved solids from feedstock slurry, and adding aqueous solution to fermentation broth comprising recombinant microorganisms in fermentation vessel	2011-06-17	BUTAMAX TMADVANCED BIOFUELS LLC	58

（续表）

申请号	标题	申请日 （年-月-日）	申请人 （专利权人）	权利要求 数量/件
GB2014014046	Anaerobic digestion	2014-08-07	ANDIGESTION LTD	56
US12/716984	System for pre-treatment of biomass for the production of ethanol	2010-03-03	POET RESEARCH, INC.	54
CN201680022630.6	木质纤维素生物质至乙醇或其他发酵产物的水热机械转化	2016-02-19	格兰生物科技知识产权控股有限责任公司	51
PCT/US2016/018556	Hydrothermal-mechanical conversion of lignocellulosic biomass to ethanol or other fermentation products	2016-02-19	API INTELLECTUAL PROPERTY HOLDINGS, LLC	50
EP2016753095	Hydrothermal-mechanical conversion of lignocellulosic biomass to ethanol or other fermentation products	2016-02-19	APIINTELLECTUAL PROPERTY HOLDINGS, LLC	50
BR112016022614	Producing fermentation product e.g. ethanol from lignocellulosic biomass, by introducing biomass to single stage digester, refining cellulose-rich solid phase with liquid, enzymatically hydrolyzing mixture, and fermenting sugar	2016-02-19	GRANBIO INTELLECTUAL PROPERTY HOLDINGS, LLC	50
CA3015090	Hydrothermal-mechanical conversion of lignocellulosic biomass to ethanol or other fermentation products	2016-02-19	GRANBIO INTELLECTUAL PROPERTY HOLDINGS, LLC	49

3.4.3 基于INPADOC同族数量

梳理秸秆能源化利用领域近十年以来INPADOC同族最多的TOP10专利申请，这些专利申请的INPADOC同族数量至少达50件，其同族专利分布在美国、欧盟、中国、日本、澳大利亚、新西兰、日本等10余个国家（地区）（表3-5）。申请机构包括美国的布特马斯先进生物燃料有限责任公司（BUTAMAX TM ADVANCED BIOFUELS LLC）、柯碧恩生物技术公司（CORBION BIOTECH INC）、维仁特公司（WEIRENT INC）、泰拉瑞亚控股公司（TERRAVIA HOLDINGS INC.）、希乐克公司（XYLECO INC）和丹麦的因比肯公司（INBICON A/S）。

表 3-5　秸秆能源化利用技术重要专利（三）

申请号	标题	申请日（年-月-日）	申请人（专利权人）	INPADOC 同族成员数量/个
RU2013102308	Producing fermentative alcohol product e.g. butanol, by separating undissolved solids from feedstock slurry, and adding aqueous solution to fermentation broth comprising recombinant microorganisms in fermentation vessel	2011-06-17	BUTAMAX TM ADVANCED BIOFUELS LLC	128
NZ603291	Extraction solvents derived from oil for alcohol removal in extractive fermentation	2011-06-17	BUTAMAX TM ADVANCED BIOFUELS LLC	128
RU2013154067	Converting biomass to biomass-derived fuels and chemicals, comprises providing a biomass feed stream, catalytically reacting the biomass feed stream with hydrogen and a deconstruction catalyst, and separating the volatile oxygenates	2012-05-23	WEIRENT INC	75
US14/184288	Renewable diesel and jet fuel from microbial sources	2014-02-19	CORBION BIOTECH, INC.	67
US13/029061	Renewable chemicals and fuels from oleaginous yeast	2011-02-16	TERRAVIA HOLDINGS, INC.	67
US15/173335	Renewable diesel and jet fuel from microbial sources	2016-06-03	CORBION BIOTECH, INC.	67
NZ717336	Processing Biomass	2011-05-20	XYLECO, INC.	53
US13/753541	Method and apparatus for conversion of cellulosic material to ethanol	2013-01-30	INBICON A/S	50
US14/702210	Method and apparatus for conversion of cellulosic material to ethanol	2015-05-01	INBICON A/S	50
US15/013366	Method and apparatus for conversion of cellulosic material to ethanol	2016-02-02	INBICON A/S	50

3.4.4 基于专利强度（表3-6）

表3-6 秸秆能源化利用技术重要专利（四）

申请号	标题	申请人（专利权人）	专利强度
US12/666635	Biogas plant and process for the production of biogas from ligneous renewable resources	Meissner, Jan A.	92
US12/286913	Process for producing sugars and ethanol using corn stillage	BoardOf Trustees Michigan State University	92
US12/628144	Methods for producing a triglyceride composition from algae	Corbion Biotech, Inc.	92
US11/919653	Pyrolysis methods and apparatus	Danmarks Tekniske Universitet	91
US11/989027	Method and apparatus for conversion of cellulosic material to ethanol	Inbicon A/s	91
EP2007786393	Biogas plant and process for the production of biogas from ligneous renewable resources	Meissner, Jan A.	91
US12/717015	System for fermentation of biomass for the production of ethanol	Poet Research, Inc.	91
US12/131773	Renewable diesel and jet fuel from microbialsources	Corbion Biotech, Inc.	90
CN200810007480.9	生物质电站燃料系统	国电龙源电力技术工程有限责任公司	90
CN201210211831.4	一种利用玉米秸秆生产乙醇、沼气联产发电的方法	国家电网公司 国网节能服务有限公司	90

3.4.5 基于诉讼（表3-7）

表3-7 秸秆能源化利用技术重要专利（五）

申请号	标题	申请人（专利权人）	诉讼/件
CN200610048274.3	用敞开式快速炭化窑生产炭的工艺	王有权	2
CN98122264.1	生物质循环流化床气化净化系统	中国科学院广州能源研究所	2

（续表）

申请号	标题	申请人（专利权人）	诉讼/件
FR1981002195	Produit combustible fabrique a base de dechets et/ou sous-produits et/ou productions agricoles non utilisees ou mal valorisees a fort pouvoir calorifique	AGRI ENERGIE	1
CN03240815.3	环保节能气化炉	吴荣昌	1
FR1981020983	Machinedestinee a produire des briques de paille a partir de residus cerealiers a des fins combustibles	LALLOZ JACQUES	1
CN200610146157.0	膜分离技术净化沼气的方法	张晓忠	1
FR1982001517	Appareil modulaire de gazeification des matieres combustibles	IAKOVENKO MARINITCH VLADIMIR	1

3.5 小结

3.5.1 全球秸秆能源化利用技术研发较为活跃，目前处于第二发展期

从专利年度申请趋势来看，全球秸秆能源化利用技术的专利申请大致经历了4个发展阶段：1900—1979年（萌芽期）、1980—2000年（缓慢发展期）、2001—2010年（第一快速发展期）、2011年至今（第二快速发展期），目前该领域仍处于第二技术发展期。从技术生命周期来看，1900—1979年属于技术起始期，1980—2009年属于技术第一发展期，2010—2013年进入技术平稳期，2014年至今属于技术第二发展期。

3.5.2 中国秸秆能源化利用技术研发热度和关注度日益攀升

中国、德国、美国、丹麦和日本是主要的秸秆能源化利用技术来源国，中国以专利申请量7 749件居全球首位，占全球该领域专利总申请量的81.7%，在该领域的研发热度最高，2001年以来相关技术研发非常活跃，也使中国成为专利布局最为集中的市场。

3.5.3 我国秸秆能源化利用技术研发主体的技术创新性和专利质量有待提升

我国在秸秆能源化利用技术的授权专利最多，授权发明专利占比仅为13.14%，而德国、美国、丹麦和日本4国虽然在专利申请量、授权专利量上与我国有较大差距，但其授权发明专利占比均高于我国，丹麦和德国的授权发明专利占比均超过40%，美国半数以上的发明专利获得授权，我国秸秆能源化利用技术的专利质量仍有待进一步提升。

全球秸秆能源化利用技术专利申请人 TOP10 包括 6 家中国高校及科研机构、2 家中国企业和 2 家外国企业，与同领域外国专利申请人相比，我国申请人在专利申请规模上略有优势，但在授权发明专利量、授权发明占比、有效专利量和有效专利占比等方面不及外国申请人。

3.5.4 固化成型技术和直燃技术是国内外秸秆能源化利用的技术热点，在我国发展较为缓慢的液化技术在国外市场备受关注

全球秸秆能源化利用技术的研究热点集中在秸秆热解气化技术、秸秆固化成型技术和秸秆直燃技术，秸秆发酵制沼技术的研究热度次之，秸秆液化技术研发热度相对较低。全球秸秆能源化利用技术发展过程经历了以直燃技术和固化成型技术为主导，逐渐转向以热解气化技术为主、直燃技术和固化成型技术为辅，再到直燃技术、固化成型技术、热解气化技术、发酵制沼技术和液化技术均衡发展的过程。

我国在热解气化技术、固化成型技术、直燃技术、发酵制沼技术和液化技术等方面的专利申请量在我国秸秆能源化利用技术专利申请总量的占比分别为 27.9%、24.4%、19.8%、19.8% 和 7.4%；外国在上述各技术分支的专利申请量占其秸秆能源化利用技术专利申请总量的比重分别为 15.8%、29.7%、26.6%、5.7% 和 21%。外国对液化技术的研发热度较高，其中，美国对液化技术的研发尤为重视，该技术的专利申请量占相应秸秆能源化利用专利申请量的 56.9%。

3.5.5 国内外秸秆能源化利用技术发展历程与发展趋势差异明显

外国秸秆能源化利用技术经过了以固化成型技术和直燃技术为主转向以固化成型技术和液化技术为主的发展历程，以纤维素乙醇为代表的液化技术逐渐成为外国秸秆能源化利用技术的发展方向。

我国秸秆能源化利用技术经过了以热解气化技术为主转向以固化成型技术和发酵制沼技术为主，热解气化技术、直燃技术和液化技术并行发展的历程，其中液化技术相对缓慢。

秸秆能源化利用技术在华申请中，本土申请中热解气化技术和固化成型技术占比较大，液化技术占比最少，而外国来华申请则以液化技术居多。

3.5.6 我国本土机构对秸秆能源化利用技术的研发积极性较高

我国秸秆能源化利用技术发展大致经历 4 个阶段，2005 年之前（萌芽期），2006—2009 年（第一快速发展期），2010—2013 年（技术调整期），2014 年至今（第二快速发展期）。当前我国秸秆能源化利用技术专利申请量还将保持上升趋势。

我国秸秆能源化利用技术的专利申请主要来自本国申请人，来华申请量较少，主要申请国家有丹麦、美国、德国、日本、韩国和波兰。就我国市场来看，本国申请人基本占据全部国内市场份额，江苏、安徽、山东和北京是我国该领域的主要技术来源省（市），其专利申请约占本国申请的 1/3。

3.5.7　企业在我国秸秆能源化利用技术研发中的创新主体地位初步确立，但其创新能力有待提升

在秸秆能源化利用技术研发领域，就企业类申请人所申请的专利占比来看，我国虽然仍不及美国和日本，就专利申请量来看，我国企业已经超越高校和科研机构，成为该领域重要的创新主体，但在专利申请量、授权发明专利量、授权发明专利占比、有效专利量等方面，我国企业与同领域高校和科研机构相比，尚有较大差距。

3.5.8　全球秸秆能源化利用技术热点

（1）秸秆制备生物乙醇技术　利用酵母发酵秸秆制备乙醇的方法、工艺、系统及装置。

（2）秸秆固化成型技术　以秸秆为主要成分的复合生物质颗粒燃料配方及其制备方法；生产秸秆压块燃料的工艺、黏合剂的选择；用于秸秆压缩成型的压块机、造粒机、挤压成型机等成型设备的研发。

（3）秸秆沼气技术　厌氧发酵生产沼气的方法、菌种、工艺与装置以及沼气发酵与净化、供气、发电等环节的联合应用。

（4）秸秆热解技术　秸秆炭化制备生物炭的方法、装置、相关产品及其应用；热解气化装置及炉体、腔室、输气管、净化器、气油分离器等结构部件的升级改进。

（5）秸秆直燃技术　以秸秆为燃料提高燃烧效率的锅炉、燃烧室等燃烧装置的设计与改进以及其在采暖、发电和炊事方面的应用。

3.5.9　全球秸秆能源化利用技术发展历程

（1）固化成型技术　在1960年以前，主要体现在压块机工艺和设备；1960—1980年，提出了秸秆焦化作为焦炭燃料的方法；1980—2000年，着眼于秸秆压块的成型工艺和添加黏合剂的压块优化技术；2000—2010年，一些具备"冷成型""无需添加黏合剂或无需加热""抗结渣"的秸秆固化技术逐渐兴起，并出现了双环膜加压固化技术；2011年至今，辊筒式、行星轮式秸秆颗粒成型机、秸秆颗粒燃料制备方法和工艺、秸秆颗粒成型一体化设备越来越广泛。

（2）直燃技术　1990年以前，初始阶段，秸秆直燃技术着眼于燃烧炉、燃烧器的设备研发；1990—2000年，秸秆直燃技术倾向于对已有设备的改进，提出了蒸汽发生器设备；2000—2010年，提出了循环功能的流化床锅炉，开启了秸秆直燃循环模式的先端；2010年以后，秸秆直燃设备的跟踪控制以及多种方式耦合利用的设备逐渐研发。

（3）热解气化技术　在热解气化技术和设备研发方面，最初着眼于气化炉设备的研发；1980年以来，在热解气化方法上进行了深入探索；1990年以后，随着热解气化技术的发展，产生的气体如何净化得到关注；2000年以后，热解气化设备的更新更为频繁，技术方法更多样，产业化应用更广泛；2010年以后，热解气化的气化炉、气化净化装置的研发和更新，以及新的热解气化方法、工艺陆续提出。

(4) 液化技术　秸秆液化技术主要以生产醇类、酮类、烷烃类物质的方法、工艺和设备为主。2005 年以前，秸秆液化技术以生产醇类、酮类产品为主；2008 年出现了制备生物柴油的技术（US8802422B2）；2016 年至今，秸秆生产醇类物质的生产工艺、设备不断更新，涌现出来更多改良的或新的装置设备以及新的生产工艺方法，并且液化产物种类也越来越多，包括乙醇、丁醇、木糖、木质素、纤维浆、糖醛、黄腐酸等。

(5) 发酵制沼技术　秸秆发酵制沼技术起始于 1930 年，2006 年，研发者提出膜分离技术净化沼气的方法，开启了膜分离技术在沼气上的应用；2010 年以后，有关秸秆沼气发酵的工艺、方法、设备、装置不断研发出来，出现了沼气池的构建、沼气原料的制备、发酵装置、发酵工艺以及多种物质耦合发酵的方法，以提高甲烷产率。

4 畜禽粪污堆肥技术专利分析

面对每年畜禽养殖巨大的排污量,国家陆续发布促进养殖业废弃物资源化利用以及农业环境治理的相关政策与措施,全国有关企事业单位将研发重心转移到畜禽粪污资源化利用技术上来。堆肥是当前畜牧业畜禽粪便资源化利用的有效途径,在未来畜牧业废污处理方面具有巨大应用前景,是目前研究开发处理粪便的热点。因此,在文献调研和专家咨询的基础上,本报告着重关注畜禽粪污堆肥技术,通过分类号、关键词结合人工阅读筛选获得堆肥技术相关的全球专利申请7 345件。

4.1 全球专利布局态势分析

4.1.1 年度申请趋势

全球畜禽粪污堆肥技术的专利申请大致经历了3个发展阶段:1916—1994年(萌芽期)、1995—2007年(缓慢发展期)和2008年至今(快速发展期)。

全球畜禽粪污堆肥技术研发最早可以追溯到1921年,由个人申请人申请的用于粪便好氧发酵并从中生产粪肥的改良设备,之后很长一段时间相关技术发展缓慢,每年的专利申请量从个位的数件增长到20~30件,整个领域处于技术萌芽期。到1995年,相关专利申请开始缓慢增加,到2001年专利申请量突破百件,之后每年的专利申请量在60~80件波动,这一期间年均专利申请量约66件,专利申请量年平均增长率约15%。2008年之后,受中国专利申请快速增加的影响,全球该领域专利申请量快速攀升,到2017年突破1 000件,在此期间每年年均专利申请量约500件,年平均增长率约26%,该领域技术发展进入快速发展期,从专利申请总体趋势来看畜禽粪污堆肥技术专利申请量还将保持增长趋势,相关技术仍处于快速发展期(图4-1)。

比较国内外畜禽粪污堆肥技术专利年度申请趋势,国外畜禽粪污堆肥技术大致历经萌芽期(1921—1969年)、缓慢发展期(1970—2004年)、稳定期(2005年至今)。国外畜禽粪污堆肥技术研发起源较早,最早的专利申请出现在1921年,但在这之后的40余年间,相关专利申请断断续续,相关技术发展处于萌芽期。1970年之后,随着美国、欧盟、日本、德国等发达国家或地区对畜禽粪污排放问题和环境保护的关注和重视,出台了一系列相关法规和规范,1970年美国颁布了《农村发展法》《资源回收法案》和《清洁空气法案》，20世纪70年代日本初步确立了有关循环经济的最初法案，通过了《防止水污染法》《恶臭防止法》和《废弃物处理与消除法》等7部相关法规，在1970—1990年，来自美国、日本、德国、英国等国涉及畜禽粪污堆肥方法、装置及有机肥产品的相关专利申请逐渐增多；20世纪90年代以来韩国开始探索发展循环经济，1995年开始开展"清洁生产技术事业"，将农业循环经济作为发展农业的首要任务和发展方向，这期间的专利申请以日韩为主要来源国，涉及堆肥技术应用于有机液体废弃物处理、加速堆肥反应进程、优化堆肥工艺、添加外源微生物菌剂和堆肥化产物用作土壤调理剂的专利申请日益增加，堆肥技术进入缓慢发展期。2005年之后，外国堆肥技术专利申请主要来自韩国和日本，内容涉及有机废物过滤、净化、发酵等堆肥工艺环节，畜禽粪污收集系统、预处理系统、多级发酵系统、气味排放系统等堆肥装置，以及通过添加辅助材料和微生物菌剂对堆肥过程进行功能优化，每年的相关专利申请量在50件上下，堆肥技术发展进入平稳期。

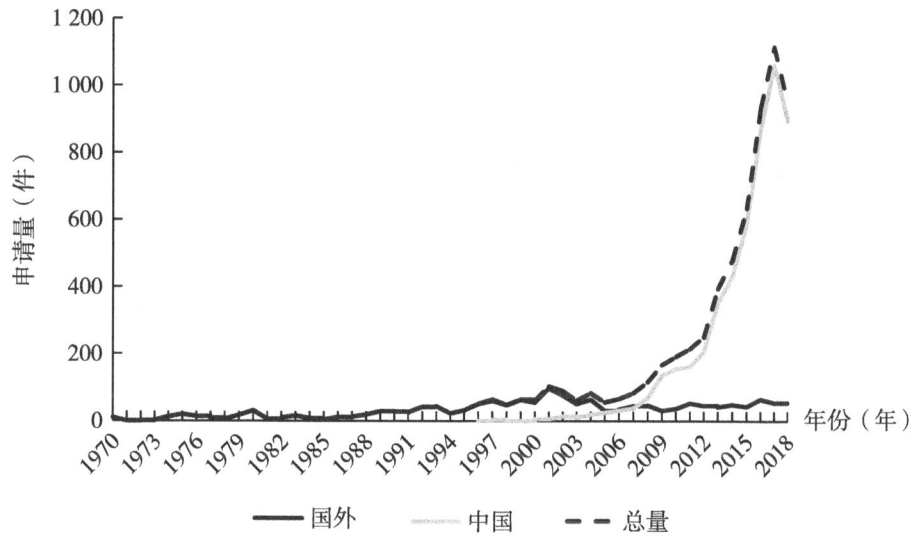

图4-1 畜禽粪污堆肥技术全球专利年度申请趋势

我国该领域的专利申请大致呈现3个阶段：萌芽期（1996—2008年）、缓慢发展期（2009—2011年）和快速发展期（2012年至今）。我国该领域最早的专利申请出现在1996年，内容涉及以有机质蓖麻饼粕、鸡鸭粪、人粪等作为初始物料进行生物发酵制备高效有机复合肥的方法，在2007年之前，年均相关专利申请量为10余件；2008年之后，随着《关于推进农业废弃物资源化利用试点的方案》《关于加快推进畜禽养殖废弃物资源化利用的意见》等相关政策的出台，我国该领域相关专利申请量逐渐增多，内容涉及以畜禽粪便等有机废弃物制备有机肥、复混肥、食用菌培养基质的配制方法，相关技术进入缓慢发展期；2012年之后，企业在该领域的技术研发热情高涨，涌现出青岛嘉禾丰肥业有限公司、江苏鸿升食用菌有限公司、山东绿福地生物科技有限公司、新沂市嘉禾农业科技有限公司、苏州仁成生物科技有限公司等企业，专利申请量年平均增长率约 31%，内容涉及由畜禽粪便等有机废弃物制备有机肥、复混肥、土壤调理剂及改良剂的方法与设备，相关技术进入快速发展期。

4.1.2 主要技术来源国

4.1.2.1 专利申请量分析

通过专利优先权国分析了解畜禽粪污堆肥技术领域的主要技术来源国。由图 4-2 可见，该领域的专利申请主要来自中国，中国在该领域申请专利 5 638 件，占本领域专利申请总量的 76.7%，中国科学院、南京农业大学、广西大学、浙江大学等高校及科研院所是该领域的主要专利申请机构。韩国和日本分别位列排名第二位和第三位，专利申请量分别为 439 件和 423 件，韩国以个人申请人为主，日本则以企业申请人为主，主要专利申请人包括北海道特殊饲料株式会社、宝资股份有限公司、安得士股份有限公司等。此外，美国和德国也有 100 余件的专利申请。从专利申请规模来看，中国在堆肥技术研发方面优势显著。

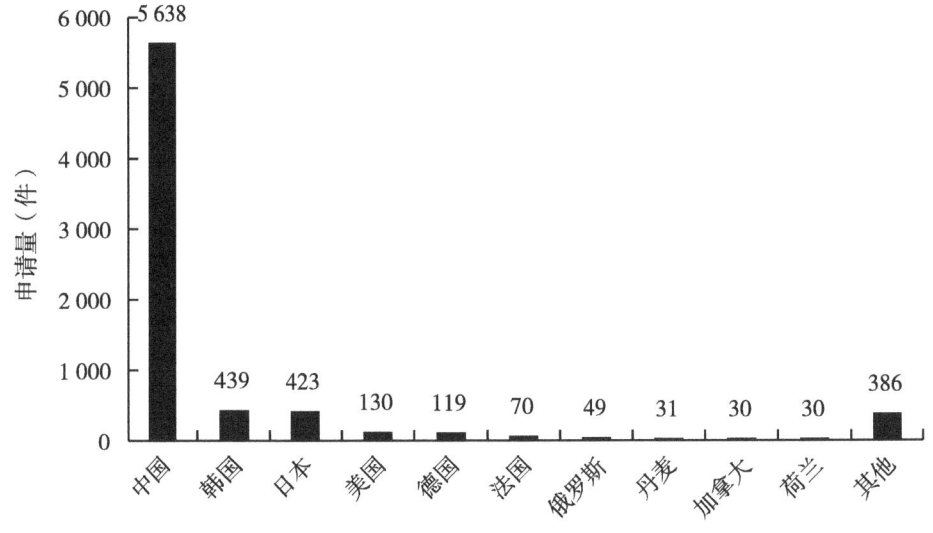

图 4-2 畜禽粪污堆肥技术专利优先权国分布

4.1.2.2 专利申请趋势分析

对主要技术来源国的专利申请趋势进行分析（图 4-3），可见全球畜禽粪污堆肥技术专利申请呈现从分散到集中的趋势。在 2001—2005 年，全球畜禽粪污堆肥技术的专利申请主要来自韩国和日本，中国、美国和德国也是重要的专利申请国；2005—2007 年，中国每年在该领域的专利申请量占其全球专利申请量总量的比重逐渐逼近半数；2008 年之后中国在该领域的专利申请快速增加，中国专利申请占比从近 60% 上涨至 95%，这期间主要申请人类型从以个人申请为主逐渐向以企业为主导、院校（研究所）和个人为辅的申请格局转变，主要申请人包括青岛嘉禾丰肥业有限公司、江苏鸿升食用菌有限公司、新沂市嘉禾农业科技有限公司、苏州仁成生物科技有限公司、潍坊友容实业有限公司等涉农企业和中国科学院、南京农业大学、中国农业科学院和广西大学等院校（研究所）。这一年度申请趋势反映出中国在该领域的技术研发较为活跃，而且中国涉农企业逐渐成为畜禽粪污堆肥技术的重要创新主体。

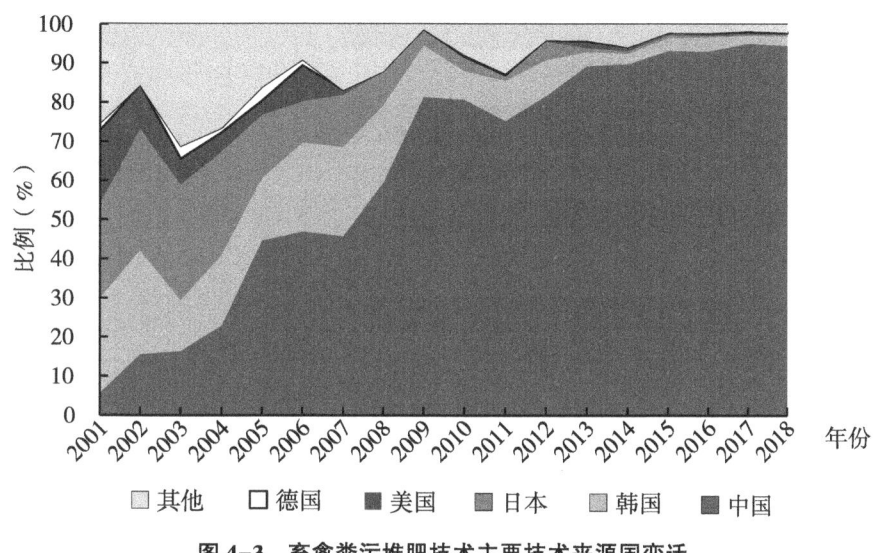

图 4-3　畜禽粪污堆肥技术主要技术来源国变迁

4.1.2.3　专利申请人类型分析

不同专利申请人类型的专利申请量分布与产业化程度有一定的相关性，一般来说，企业类专利申请人的专利申请占比较高，反映出其技术产业化程度较高。对主要技术来源国的各专利申请人类型的专利申请量进行统计，从企业类申请人所申请专利的占比来看，美国和日本均超过 60%，中国超过 50%，德国和韩国不到 40%，从这个角度来看，美国和日本的畜禽粪污堆肥技术产业化程度较高。也可以发现中国的院校/研究所类申请人占比在五国中最高，体现出高校和科研机构在中国畜禽粪污堆肥技术研发中占据着重要地位（图 4-4）。

4.1.2.4　专利流向分析

对主要技术来源国分析其在中、美、日、韩、欧五国专利局的专利流向情况，可以看出五国在畜禽粪污堆肥技术的专利申请以本国布局为主，但中国约 99% 的专利布局在本国市场，在中国以外市场布局的专利不到 1%，在五大局中仅向美国专利商标局和欧专局提交了专利申请；而德国和美国仅 50% 左右的专利布局在本国市场，约半数的专利布局在国外市场，在五大局中美国向除韩国知识产权局之外的其他 4 局均提交了专利申请；日本和韩国的国外专利申请占比分别为 16% 和 10%，两者在五大局均有相关专利申请。

一般来说，域外申请能够体现出申请人对海外市场的关注和技术布局，体现申请人的技术全球化布局和保护情况。从这个角度来看，中国在畜禽粪污堆肥技术全球化布局和保护方面略显不足（图 4-5）。

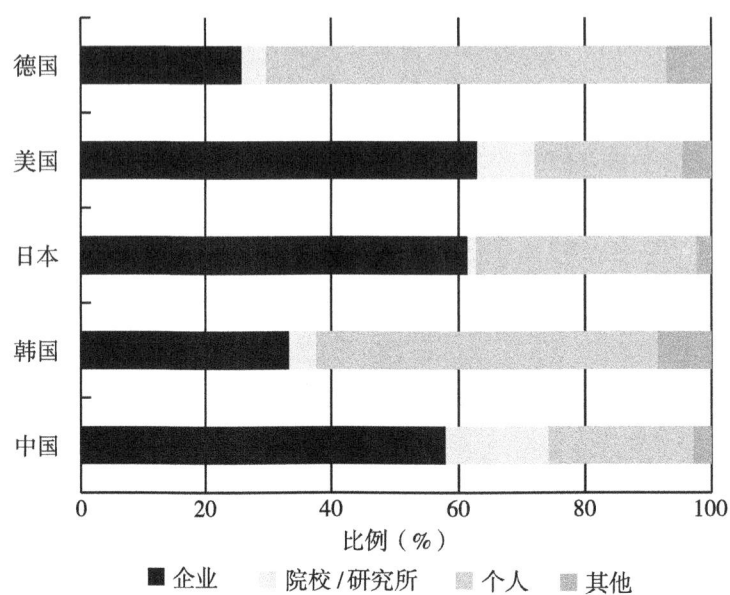

图 4-4 畜禽粪污堆肥技术主要技术来源国各专利申请人类型的专利申请分布

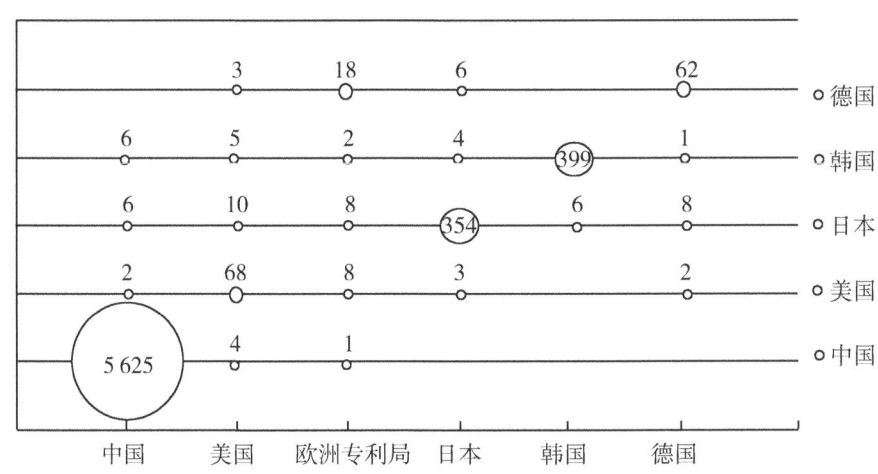

图 4-5 畜禽粪污堆肥技术主要技术来源国的专利流向

4.1.3 主要布局区域

图 4-6 显示了畜禽粪污堆肥技术全球专利地域分布情况,从图中可以看出,该领域的专利申请主要集中在中国,占比达 76.9%,这一现象与上述分析中表明的中国来源的专利申请较多有关。其次,韩国、日本和美国也是该领域重要的专利布局区域,均有 100 件以上的专利布局。

对主要受理局的专利受理趋势进行分析,可见 2001 以来该领域的专利布局呈现日益集中的趋势,中国的专利受理量占比从不到 10% 增加到 94%,体现出中国市场的技术研发热度和关注度日益攀升（图4-7）。

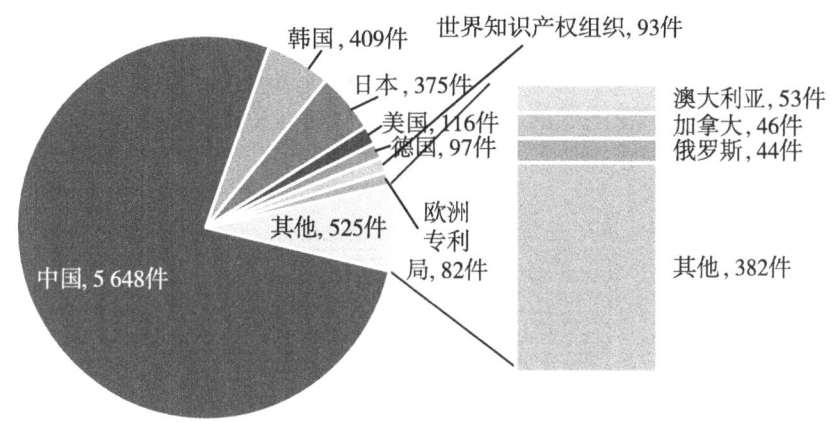

图4-6 畜禽粪污堆肥技术专利受理局分布

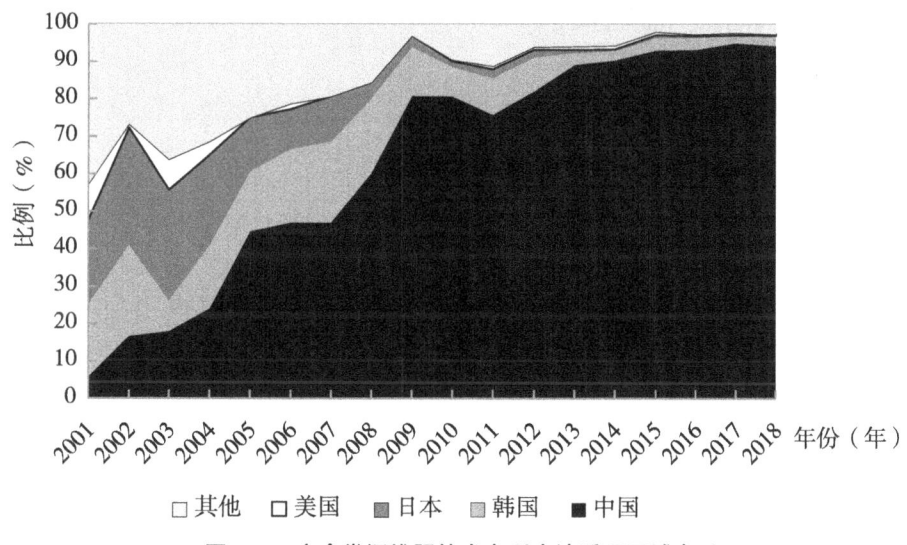

图4-7 畜禽粪污堆肥技术专利申请受理区域变迁

4.1.4 主要申请机构

4.1.4.1 专利申请量分析

图4-8显示了畜禽粪污堆肥技术全球专利我国TOP10申请人和外国TOP10申请人，我国TOP申请人包括5家高校及科研机构（中国科学院、南京农业大学、广西大学、浙江大学和中国农业科学院）和5家企业（青岛嘉禾丰肥业有限公司、江苏鸿升食用菌有限公司、苏州仁成生物科技有限公司、新沂市嘉禾农业科技有限公司和山东

绿福地生物科技有限公司），这10家申请机构也是该领域全球专利申请的TOP10申请人。从申请机构排名来看，我国非常注重畜禽粪污堆肥技术的研发并且注重其相关技术的产业化，除了高校及科研机构这一创新主力外，涉农类企业也逐渐成为该领域的重要创新主体。

全球畜禽粪污堆肥技术专利的外国申请人主要分布在捷克、以色列、美国、丹麦、加拿大、韩国、日本等国家，专利申请人类型集中在企业和政府机构。从专利申请量来看，这些外国机构不及我国机构，反映出我国机构在畜禽粪污堆肥技术的研发热度较高。

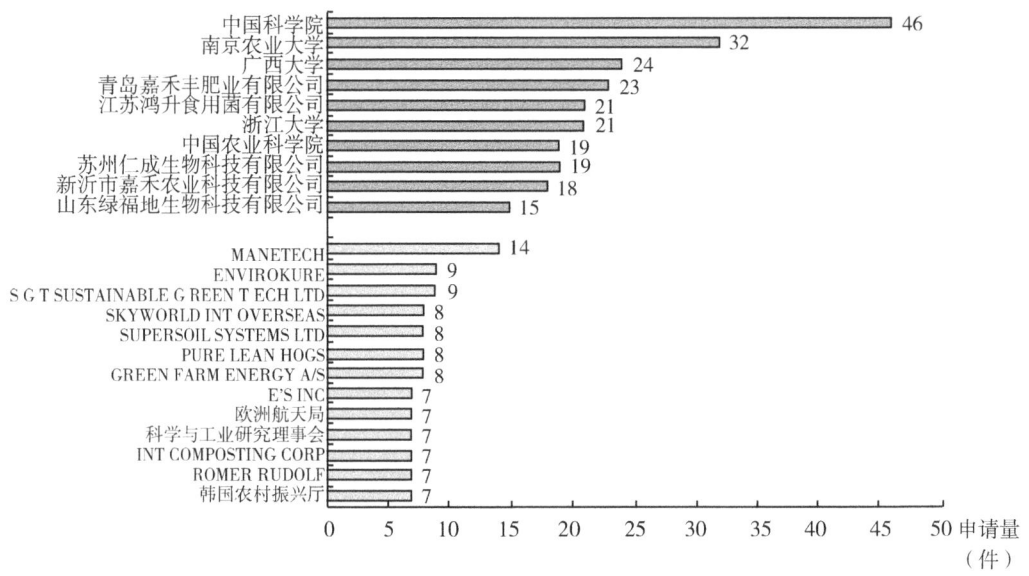

图4-8 畜禽粪污堆肥技术专利我国及外国主要申请机构

4.1.4.2 专利授权状况分析

对畜禽粪污堆肥技术领域我国及外国TOP10专利申请人进行专利类型分析。从授权发明专利量及其占比来看，我国高校及科研机构类申请人整体多于企业类申请人，大多数企业申请人的专利基本停留在申请阶段，多在发明申请公布后未通过实质审查或者未及时办理相关手续而被驳回或视为撤回。对于发明专利而言，需要经过实质审查，即对其新颖性、创造性进行审查，只有审查合格的专利才会获得授权。畜禽粪污堆肥技术领域的企业专利申请数量虽达到一定规模，但授权专利量较少，反映出我国该领域涉农类企业具有较高的技术研发积极性但在技术创新性不及同领域高校及科研机构。

与畜禽粪污堆肥技术领域主要外国专利申请人相比，我国申请人虽然在专利申请规模上远超外国申请人，但从授权发明专利占比来看，外国申请人表现更优，体现出该领域外国申请人的整体专利质量较优，专利技术更具有创新性。此外，主要外国申请人以企业类申请人为主，体现出外国企业在该领域的技术创新性较高，这一对比反映出我国企业与外国企业的技术研发现状和差距（图4-9）。

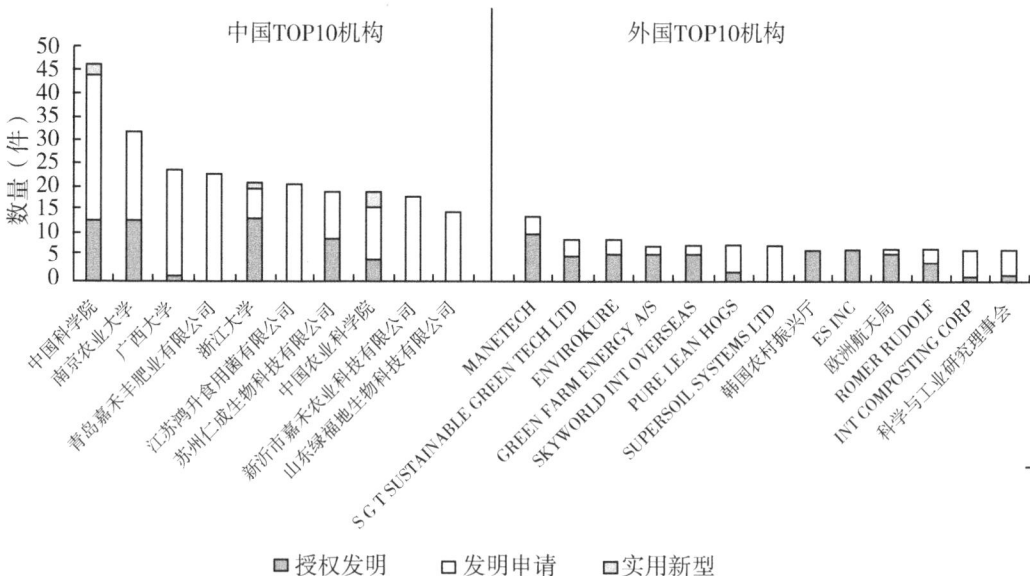

图4-9 畜禽粪污堆肥技术专利我国及外国申请机构的专利类型分布

4.1.4.3 专利维护状况分析

对畜禽粪污堆肥技术领域我国及外国TOP10专利申请人进行专利法律状态分析。整体来看，我国申请人的失效专利比重偏高，有效专利占比偏低，除南京农业大学和中国农业科学院有效专利占比达到38%和32%之外，其余申请人的有效专利占比均不足20%；而国外申请人MANETECH、S G T SUSTAINABLE GREEN TECH LTD、ENVIROKURE、韩国农村振兴厅和E'S INC有效专利占比均超过40%，其中，韩国农村振兴厅和ENVIROKURE的有效专利占比分别达到86%和67%。就我国申请人来看，在有效专利量和有效专利占比方面，我国高校及科研机构显著多于企业，企业申请的专利大多处于失效状态，其失效状态原因包括专利提交申请后未获得授权以及专利虽授权但因未缴年费而失效，从中也反映出该领域企业的专利技术创新性有待提升。对我国该领域专利申请人的专利失效原因进行统计，发现约1/3的失效专利是因未缴年费而失效。这一现象反映出我国申请人在专利权维护方面也有待加强（图4-10）。

4.2 在华专利布局态势分析

4.2.1 年度申请趋势

从年度申请趋势来看，在华畜禽粪污堆肥技术发展大致经历3个阶段：萌芽期（1996—2008年）、缓慢发展期（2009—2011年）和快速发展期（2012年至今）。

最早的畜禽粪污堆肥技术专利出现在1996年，是由赤峰农业科学研究所申请的一种工厂化精制高效有机复合肥及制造方法,之后相关专利申请量从个位数件缓慢增加到30余件,2008年相关专利申请增加到70件,该领域技术发展处于萌芽期;2009年专利申请量突破百件,主要以个人专利申请为主,2010年随着浙江大学、昆明理工大学等高校/院所进入该领域的技术研发,相关专利申请有所增加,为155件,2011年相关专利申请量增幅,为163件,此期间专利申请量年平均增长率约10%,该技术处于缓慢发展期;从2012年开始,企业类申请人的专利申请显著增加,青岛嘉禾丰肥业有限公司、江苏鸿升食用菌有限公司、苏州仁成生物科技有限公司等企业加入了该领域的技术研发,专利申请量迅速上升,年平均增长率约38%,该领域技术发展进入快速发展期,2018年专利申请量略有回落,但从公开量来看,该领域的专利公开量仍保持增长趋势,该技术仍处于快速发展期(图4-11)。

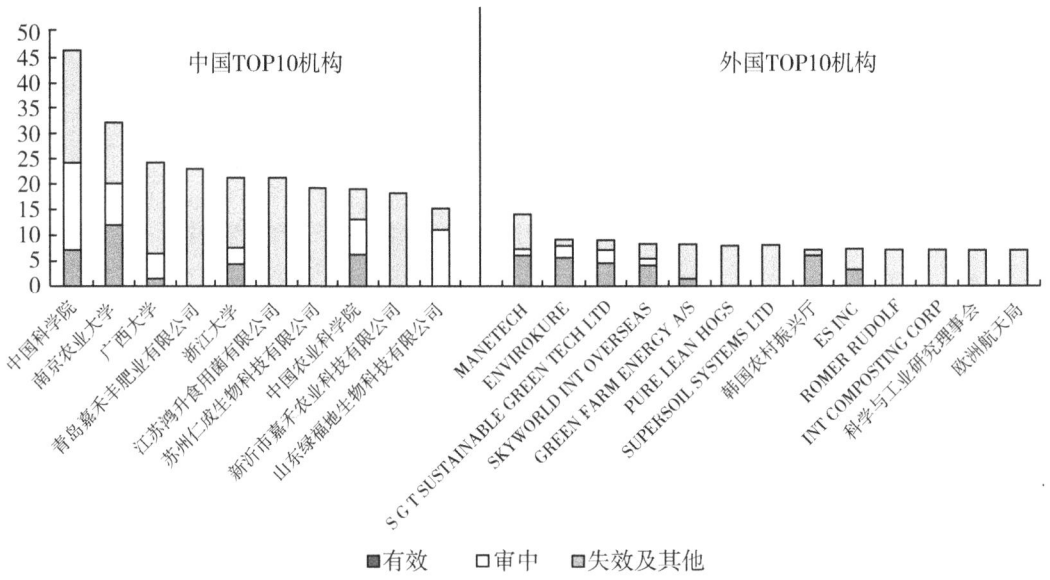

图4-10 畜禽粪污堆肥技术专利的主要申请机构的专利法律状态分布

4.2.2 申请地域分布

图4-12显示出畜禽粪污堆肥技术在华专利的来源国分布情况,可见,我国畜禽粪污堆肥技术专利主要来自本国申请,占比约99.5%,来华申请共23件,主要来自日本、韩国、美国、法国等国家,占比不到1%。就我国市场来看,本国申请人基本占据全部国内市场份额。

图4-13显示了我国畜禽粪污堆肥技术在华专利本国申请的省市分布,可以看出,江苏、安徽、广西和山东是我国该领域的主要技术来源省(区),其专利申请约占本国申请的一半,主要申请人包括南京农业大学、江苏鸿升食用菌有限公司、苏州仁成生物科技有限公司、安徽乐农环保科技有限公司、安徽万利生态园林景观有限公司、广西大学、南京林业大学、青岛嘉禾丰肥业有限公司和山东绿福地生物科技有限公司。

4 畜禽粪污堆肥技术专利分析

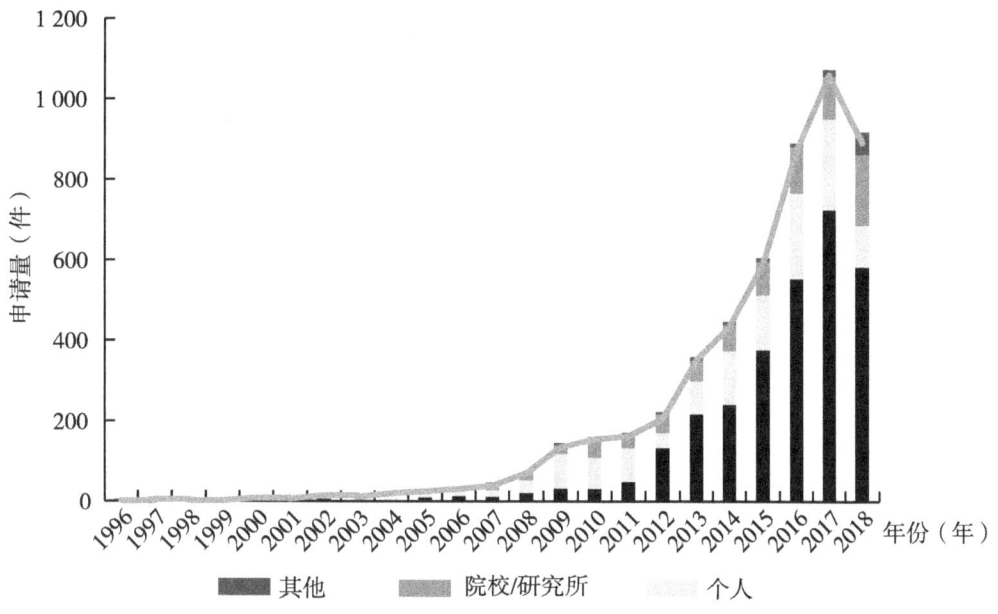

图 4-11 畜禽粪污堆肥技术在华专利年度申请趋势

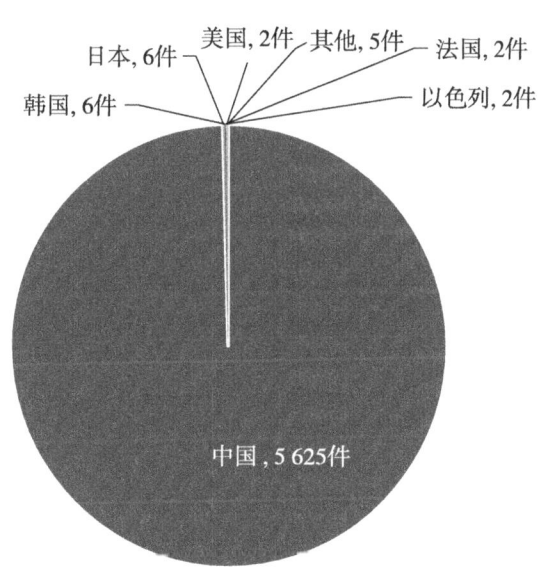

图 4-12 畜禽粪污堆肥技术在华专利技术来源国分布

4.3 技术热点及技术发展路线分析

4.3.1 技术热点

通过利用德温特专利数据库中专利地图工具，对检索到的畜禽养殖粪污堆肥技术专利申请进行聚类，获得主要热点技术，并对其进行解读。全球畜禽粪污堆肥技术热点主要包括：畜禽粪污除味及无害化处理技术；制备有机肥或生物有机肥技术；制备专用肥或复混肥技术；制备肥料的装置设备；制备堆肥菌剂技术；制备土壤改良剂技术；制备重金属钝化剂技术；制备沼气沼渣沼液技术；制备食用菌、生物菌剂或育苗基料技术。针对畜禽粪便堆肥主要热点技术，进行解读归纳（图4-14）。

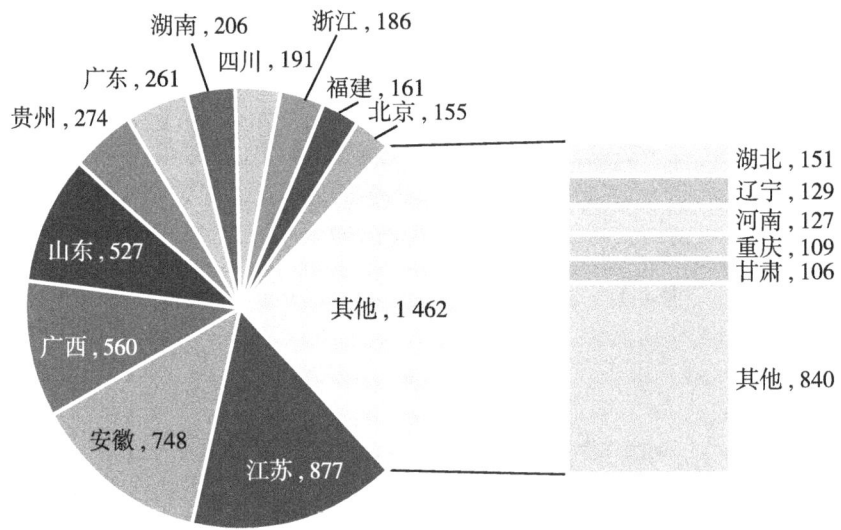

图4-13 畜禽粪污堆肥技术在华专利本国申请省（区、市）分布

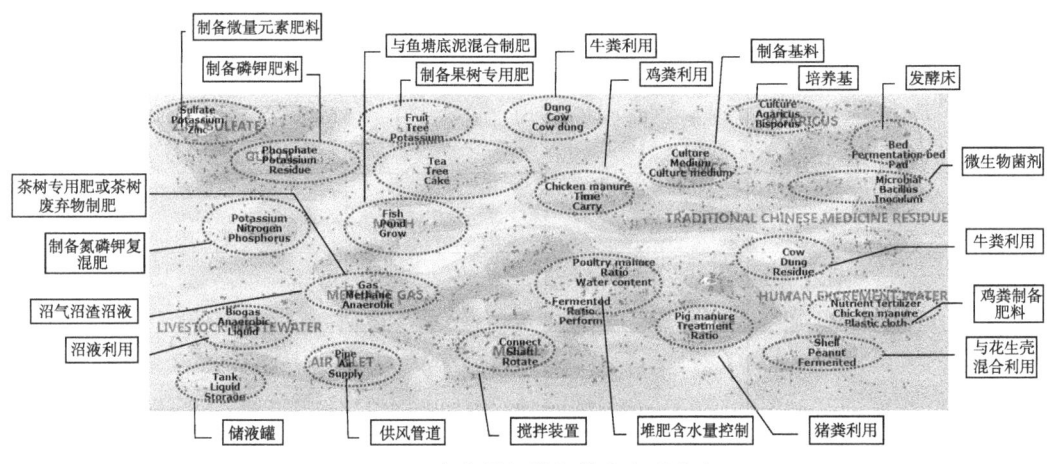

图4-14 畜禽粪污堆肥技术专利分布

（1）畜禽粪污除味及无害化处理技术 涉及通过添加石粉和（或）黏土矿物以及粒径小于90微米的碳酸镁和（或）二碳酸镁来消除异味技术，以及包括采取电解技

术、钝化技术、杀菌、消毒和（或）消毒、加热、加压和（或）用碱或酸、紫外线辐射和（或）化学药剂、抗生素降解剂等方法降低、去除或钝化畜禽养殖废弃物中的病原微生物、重金属活性、抗生素、聚苯乙烯等有害物质等技术。钝化剂可选自生物炭、粉煤灰、膨润土、硅藻土、磷酸石粉、沸石和海泡石等物质中的一种或几种，按照比例混合组成。关于有害物质降解和去除，有专利涉及在鸡粪堆肥中，使用小麦秸秆做调理剂，添加不同类型的表面活性剂（鼠李糖脂和吐温80），降低大环内酯类抗性基因和 intⅠ1 丰度的方法。还有利用嗜热菌、山村钙杆菌和嗜热脂肪土杆菌制成的复合微生物菌剂，用于堆肥协同降解有机固体废物材料中的聚苯乙烯。另有涉及在制造肥料过程中，通过自热高温好氧生物反应，在自热嗜热好氧生物反应的第一阶段或第二阶段之后，对分离的液体组分进行灭菌，以杀死几乎所有病原体技术。还涉及将活性炭、凹凸棒等作为抗生素降解剂，来降低粪污中抗生素含量技术。通过上述方法，可避免畜禽粪污农用后重金属、抗生素、病原菌等有害物质进入土壤环境，进而保护人类健康。

（2）制备有机肥或生物有机肥技术　主要是将畜禽粪污（鸡粪、猪粪、牛粪等）、植物秸秆、生活垃圾、餐厨垃圾等多种废弃物与珍珠岩、石膏等添加物，按照一定比例配方混合堆置，经过均匀搅拌、粉碎、加热、添加微生物、厌氧/好氧发酵、干燥、粉碎、制粒、包装等工艺过程，生产有机肥或生物有机肥产品；或者畜禽粪污发酵后养殖蚯蚓，将蚯蚓粪收集干燥包装制备生物有机肥产品；或者将植物纤维和淀粉进行高温碳化以获得生物炭，将生物炭与动物粪便混合发酵获得生物炭有机肥；或是加入复合降解剂（由腐植酸、稻草粉、米糠、酵母粉构成），将土壤改性材料（由风化煤、蛭石和植物灰组成）、重金属钝化材料（由沸石、海泡石、活性炭和硅藻土组成）、尿素、磷酸一铵、微量元素肥料和固化剂混合，进行熟化处理，挤出造粒，研磨而成获得生物有机肥等技术。还涉及畜禽粪便与鱼塘底泥、废弃树叶、美国白蛾粪和死虫混合，制备有机肥，供果树、茶叶或林业树木施用的肥料技术。

主要涉及动物粪便臭味的去除（添加至少一种氢氧化物或氧化物）、不同原料的配比、发酵的时间、水分、温度、空气、碳氮比、pH 值的控制以及微生物腐熟剂的添加工艺等生产有机肥的技术。微生物添加剂包括枯草芽孢杆菌、地衣芽孢杆菌、苏云金芽孢杆菌、产氨杆菌、酵母、米曲霉、黑曲霉微生物制剂、植物乳杆菌、热双歧杆菌、热嗜热脲杆菌、凝聚斑尾菌、吉布索尼菌、解淀粉芽孢杆菌和日本硅酸盐菌与台湾诺卡菌复合菌种等，有助于缩短废弃物分解时间，确保除臭、环保、去除病原微生物，加强有机肥的生物有效性。该种资源化利用方式材料来源广，成本低，产品应用性较广，促进畜禽粪污的循环利用，提高经济效益、生态效益和环境效益。生物炭有机肥吸附能力强，有利于长期钝化土壤中的重金属，降低土壤有效重金属含量。

（3）制备专用肥或复混肥技术　主要涉及将农业废弃物（秸秆、畜禽粪污）与保水缓释肥料半成品、氮肥、磷肥、钾肥、矿粉（沸石、蛭石、蒙脱石或碳酸钙）以及不同微量元素等物质混合，经过堆垛、覆膜、翻堆、发酵、造粒，形成富含有机质和氮、磷、钾元素、中微量元素以及具有保水、长效、缓控释等功能的作物专用肥料或复混（合）肥料产品的技术。一方面能充分利用农业废弃物资源，另一方面有助于促进新型多元化肥料产品研发，增强肥料的适用性，提高肥料资源利用效率。

（4）制备肥料的装置设备　在畜禽粪污堆肥处理过程中，不可避免地会用到各种装置。这些装置主要涉及固液分离装置、输送机装置、粉碎机、混合搅拌装置、翻堆装置、发酵罐（塔）、筛分装置、造粒机、干燥机、冷却机、均质池、厌氧反应器、沼气收集装置、储存罐、包膜机、包装机等设备。主要从装置设备结构简单、易操作、成本低、效率高、应用性强等方面进行研发。例如猪粪、鸡粪等纤维含量不高的物料可以采用圆盘造粒机；牛粪、羊粪、秸秆等纤维粗大的物料采用搅齿造粒机+抛圆机，或者用搅齿转鼓三组合造粒机等。随着科技的发展，一些连续式、智能化、自动化、自控式装置设备应运而生，传感器、温控器、肥料的制备装备技术迅速提升。

（5）制备堆肥菌剂技术　农业废弃物的肥料化离不开菌剂。堆肥菌剂分为单种菌剂或多种复合菌剂。这些菌剂包括地衣芽孢杆菌、黄孢原毛平革菌、黑曲霉、链霉菌、枯草芽孢杆菌、解淀粉芽孢杆菌、硅酸盐细菌、诺卡菌型放线菌、固氮菌、球孢白僵菌、绿僵菌、木霉等。目前堆肥菌剂制备技术主要涉及通过筛选不同的菌剂，添加到由养殖粪污、作物秸秆等组成的混合物中，用于加速堆肥物料快速达到高温、控制堆肥过程中臭气的产生，缩短堆肥腐熟进程；可以有效杀灭病原体，去除抗生素或抗性基因，降解重金属、有机污染物，提高堆肥质量。堆肥产品含有生物活性的微生物，使作物增产效果显著。

（6）制备土壤改良剂技术　主要涉及将动物粪便、生物制剂、秸秆生物炭与一些化学物质（如葡萄糖酸亚铁、过磷酸钙、氯化钾、尿素等）混合堆放，制作土壤改良剂的技术。这些改良剂添加到重金属污染土壤中，作为重金属污染土壤的堆肥改良剂，或障碍土壤的调理剂，可以明显降低土壤重金属含量，且来源广、原料廉价易得、制备时间短、成本低、环保、高效。还涉及将动物粪便、秸秆、麸皮堆放成堆肥材料，将蚯蚓放入堆肥材料中获得蚯蚓粪，将蚯蚓粪施入土壤，用于改善土壤的硬化和盐碱的物理化学形态，降低土壤的氢值（pH）和盐分含量的潜力，提高了土壤肥力，实现了调节土壤酸碱性与培肥的有机结合。或结合脱硫石膏，改良盐渍土。利用农业废弃物制备土壤改良剂技术，其原料来源广，便于控制生产成本，并能提供良好的土壤改良效果，使作物长势良好，提高农民收入。

（7）制备重金属钝化剂技术　主要涉及利用农业废弃物制备钝化剂技术。如利用农业废弃物，优选玉米秸秆、锯末和花生壳，在300~700℃下碳化30分钟至2小时制备生物炭。将六水氯化铁溶解在水中，以（10~30）:1的质量比添加生物炭，混合，蒸发至干燥，并加热至300~700℃下1~2小时，对生物炭进行改性。用固定化培养基在121℃下反应20分钟，再接种微生物制剂，经过吸附、离心去除上清液、收集沉淀物、冷冻干燥后获得重金属钝化剂。另有利用膨润土、草粉、泥炭、硅藻土与植物灰分按比例混合，制备重金属复合钝化剂。重金属钝化剂有效利用了农业废弃物，缩短了钝化时间，为畜禽粪污重金属钝化提供了高效便捷的技术指导，提高了金属钝化效果。

（8）制备沼气沼渣沼液技术　畜禽粪污可以直接或与秸秆等物质混合，通过分离、发酵等步骤产生沼气，用于能源化利用。在生产沼气能源的过程中，同时会产生沼渣和沼液等副产物。沼渣和沼液富含有机质、腐殖质、微量营养元素、多种氨基酸、酶类和有益微生物，可作为肥料在植物上施用，以供给生长所需养分。主要涉及将种植业农业秸秆废弃物与畜禽粪便以及接种菌剂混合，通过厌氧或好氧堆肥技术，生产沼气，并产生沼渣和沼液。

其中，沼渣制作有机肥料需要先经过好氧发酵，使其中难分解的有机残余物，如木质素、少量的纤维素及半纤维素等利用微生物进行分解，木质素、蛋白质、多糖类物质经微生物的分解转化而成腐植酸类物质，提高成品有机肥的有效营养成分。由于沼渣直接堆肥的氮、磷、钾含量偏低，约为2%，低于国家有机肥规定标准，一般不将其作为主要原料生产固态商品有机肥，而是借鉴粪便堆肥模式，作为有机肥原料之一，与粪便、秸秆混在一起生产固态肥料。

沼液可以通过深加工，制作叶面肥，用于高尔夫球场、城市绿化带施肥以及花卉、作物施肥，在效率、成本上具有竞争优势。沼液也可用于设施农业果蔬、花卉等的无土栽培营养液、土壤调节剂以及浸种、育秧、育苗基液。更为重要的是大量沼液可用于大田作物水肥耦合灌溉。

（9）制备食用菌、生物菌剂或育苗基料技术　食用菌是不可缺少的重要食物种类之一。目前多数的食用菌培养基料是将食用菌基料废料与作物秸秆、动物粪便、石膏、石灰等物质组成，描述了具体的温度、湿度等基料制备工艺技术，为食用菌生长提供了所需的养分，且经济环保效益高。

生物菌剂的培养离不开培养基。现有技术中，涉及将农作物秸秆、油粕、醋糟、豆渣、畜禽粪便、食物垃圾等物质中一种或两种组合，加入复合微生物菌剂发酵，制得固体培养基技术。

随着无土栽培技术的发展，对基质的需求日益增长。同时，我国大量的废弃生物质（畜禽粪便、秸秆等）不及时或不正确处理。利用农业种植、养殖废弃物，与一定量生石灰、珍珠岩、蛭石、泥炭、微生物等其他物质混合后在特定条件下进行处理，获得无土栽培基质。制备工艺简单、成本低，既解决养殖和食用菌废弃物，又开发优质高效育苗基质。基质不仅富含作物生长所必需的微量元素等营养物质，还可以提高作物、花卉等对肥料的利用效率。

4.3.2　技术发展路线

根据前述分析结合专家咨询，对堆肥技术进一步开展技术发展路线分析。以被引频次、同族专利数量、同族专利分布国家或地区、专利维持期限、是否为基础专利、是否有专利许可情况和专利异议及诉讼为主要考量指标，结合重要时间节点：最早申请专利时间、专利申请量最大时间找出该技术分支下的重点专利，制作出该技术分支的技术路线图，并通过人工阅读从发明点、解决的技术问题、采用的技术手段、达到的技术效果等方面来解读重点专利（图4-15）。

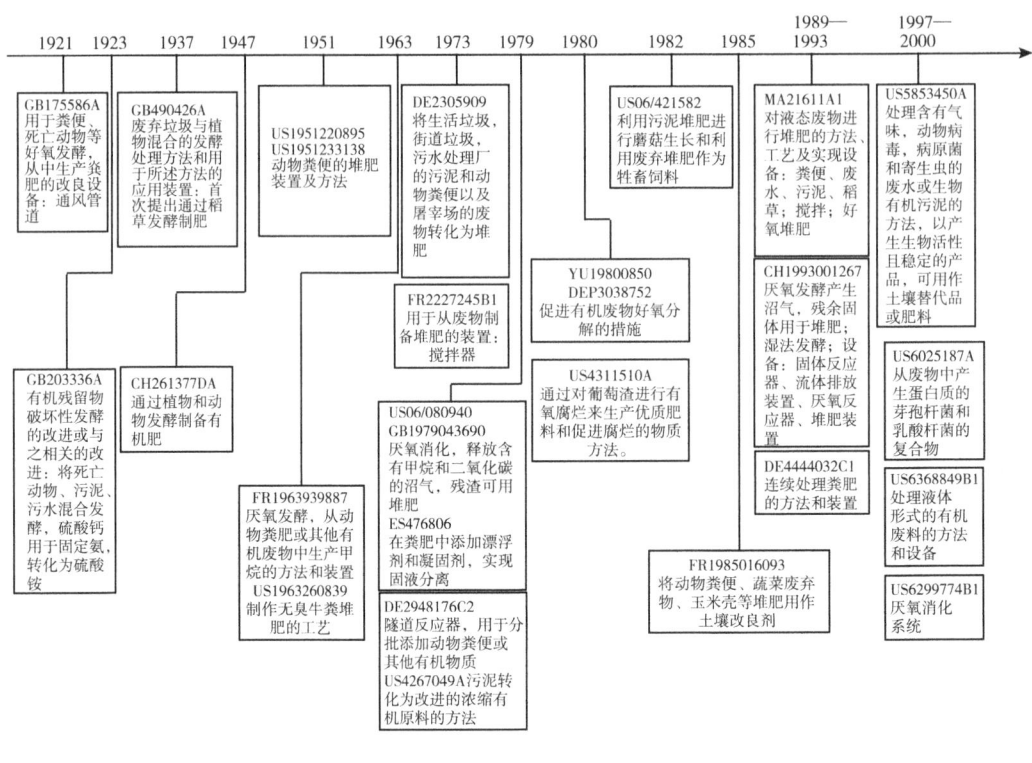

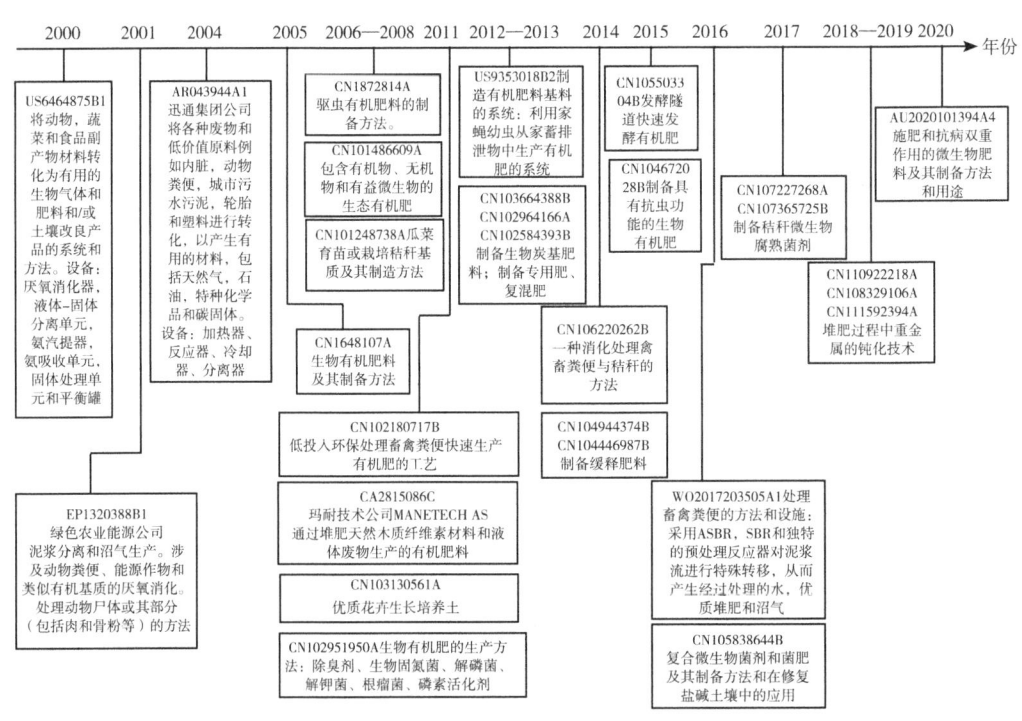

图 4-15 畜禽粪污堆肥技术发展路线

早期的堆肥技术相关专利申请起源于欧洲，最早可以追溯到1921年，由英国专家设计的应用于处理粪便、死亡动物和污泥等有机残留物的好氧发酵反应体系，强制通风系统有助于物料反应的正常运行，反应产生的气体产物由预置的硫酸铵溶液吸收，合成硫酸铵来减少氮素损失。到1937年英国专家将这种处理方法进一步应用到垃圾和稻草等废弃物上，借助补充水分和空气的方法，将处理产物制备成生物燃料，或搭配其他金属元素制备肥料。这都是现代堆肥技术的雏形。

1947年，西班牙专家PITROIS和GASTON正式构建了通过生物发酵将植物或动物废弃物转化为有机肥的技术及其反应体系。随后的1951年，美国公司UNION STOCK YARDS & TRANSIT陆续申报了堆肥技术和设施的多项专利。自此，应用堆肥反应器和堆肥技术处理有机固体废弃物并将其转化为有机肥，或作为有机无机复合肥的第一步，逐步被应用到实际生产中。1973年，德国专家LOHMANN MICHAEL DR设计并实施了中央堆肥厂的构建，实现了周围生活垃圾、动物废弃物和是市政垃圾等不同类别有机废弃物的处理和转化。

随之实际应用发现，有机固体废弃物在进入反应器前的逐步收集过程中，易产生一些恶臭气体和渗滤液，给周围环境和土壤、水带来不利影响，因此随后法国JOHNSON CONSTR CY在1974年研发出了具有通风系统的连续堆肥反应装置，装置内含有搅拌、输送和转移等组件，可以实现废弃物的及时处理，同时收集处理产物。随后德国NEMETZ HERBERT也设计出了类似的连续性堆肥反应装置，在上述装置中增加了供氧加热的功能，将反应时间缩短到10天左右。同时在体系设计叠加两个或多个仓筒，将反应产物周期性地从上部隧道转移到下部隧道，以最小的机械力实现必要的输送和压实运动，并将运动部件的磨损减至最小。自此，密闭式和连续式的堆肥反应器基本构建完成，现在市面流通和应用的堆肥反应器基本都是应用类似的设计原理，并在此基础上优化和改良而成。

从20世纪80年代以来，堆肥相关研究的重点逐步转移到通过不同方式加速反应过程，并将得到的堆肥产品进行多方面的应用。如GRAEFE GERNOT设计在逐步调节物料和微生物分解方向的情况下，通过3步将葡萄渣分解生成的含有特定微生物孢子的反应产物，既可以当作有机肥料，也可以作为引种加入种植物废弃物中用于促进好氧堆肥进程的进行。日本日立机电工业株式会社和法国CAISSEL JACQUES随后将污泥和农业废弃物堆肥化产物用作饲料和土壤调理剂，并证实效果良好，为有机固体废弃物堆肥化处理的产物提供了更多的应用方向。

1989年，摩洛哥戴卡霍夫及威德曼股份公司开始将堆肥化处理技术应用到液体废弃物的资源化处理上，含有动物和（或）人类排泄物（如粪便、废水或污水污泥）的废物在封闭容器中转化为高黏性悬浮分散体，并添加诸如稻草之类的短切生物可降解含碳物质，改变混合物料碳氮含量同时调节其孔隙条件，优化堆肥过程。1993年，瑞士埃科莱布有限公司通过构建同时具有厌氧反应器、流体排放装置和堆肥装置的反应体系，采用专用的湿法发酵将有机生物残渣通过堆肥化处理，实现了厌氧发酵产生的沼渣的二次利用。

随着科技的逐渐发展，微生物的检测和分析方法日趋成熟，而有机肥施用造成的食品安全问题也日渐凸显。1997年，美国俄亥俄医学院通过施用外源的碱性物质作为添加剂于有机固废混合，在改良废弃物理化条件的基础上，将含有气味、动物病毒、病原菌和寄生虫的废水或生物有机污泥转化为土壤状颗粒状产品。

到21世纪初，PILGRIMS PRIDE CORP构建的厌氧—好氧连续处理系统，包括厌氧消化单元、液体—固体分离单元，氨气吸收和转化单元，固体处理单元和平衡罐，成功将动物，蔬菜和食品副产物材料转化为有用的沼气等生物燃料、肥料和土壤改良剂。

1996年我国赤峰市农业科学研究所申请了关于有机肥的专利，以有机质即磷、钾含量较丰富的蓖麻饼粕、鸡鸭粪、人粪等作为初始物料进行生物发酵，借助沸石和煤泥作为增效剂，与磷酸铵和生物烟碱等无机肥混合，通过粉碎、喷淋造粒、晾晒、过筛、装袋封包等步骤制备高效有机复合肥，具有成本低、施用方便，增产效果显著，培肥地力和抗病等特点。

随着土壤板结、连作障碍等问题的凸显，专家学者和种植户逐渐意识到化肥农药滥施对土壤的损害，有机肥的作用开始受到越来越多的关注。在有机肥培肥土壤的基础上，其促生、抗病、治虫等多种功能逐渐受到关注，并通过多种措施进行强化和改良。中国农业大学左淑珍教授于2005年申报的一种生物有机肥料及其制备方法是国内外首次提出生物有机肥的概念，该方法采用简化好热纤维素分解培养接种法，在工业糟粕、下脚料、人畜禽粪、尿、中草药渣、废弃菌类培养基、秸秆、杂草之一种或数种混合后接种好热性真菌微生物，厌氧发酵3~6个月后与含有机质，腐殖酸、微量元素的天然物料相混合，并融合重量比1‰的有益微生物优势菌群，如光合细菌、酵母菌等，进行好氧发酵5~14天得到生物有机肥，也可进一步制成粉状或颗粒状肥。该生物有机肥料含全价养分，具有长效缓释，肥效长达6个月以上，用于蔬菜、水果、粮食作物可增产10%~15%，并能提高农产品品质，是防止环境污染，生产绿色食品，用地、养地相结合，实现农田生态平衡和农业持续发展的重要技术手段。

2006年，白会新通过向常规堆肥过程中添加1%~3%的石灰粉，0.1%的发酵剂，解磷菌、解钾菌等微生物菌剂，和烟草粉末、蓖麻叶粉、花椒饼粉、曼陀罗、马前子等植物和中药材提取物，进行混合发酵制得驱虫有机肥料。有机肥料、生物肥料、驱虫原料综合一次施用提高劳动效率的同时，减少了化肥农药的投入。

随后天津市农业资源与环境研究所也在2008年提出了一种生态有机肥的制作方法，即通过用特定发酵菌剂发酵处理农业和市政废弃物，和菇渣、草炭、蓖麻粕、骨粉、豆粕粉等些富含纤维素的有机物料，并在发酵后加入一定比例无机化学肥料而制造而成，该有机肥可以释放土壤中难溶解的磷、钾元素，提高了化肥利用率，增强土壤生物活性，抑制病虫害的发生，提高作物产量和品质等功能。2011年，江苏嘉佳肥业有限公司在上述生物有机肥生产技术的基础上，进一步通过造粒来得到颗粒状的生物有机肥，解决了有机肥在远距离运输和长期储存上存在的问题。随后的几年时间里四川农业大学等多家国内研究单位，通过添加特定的功能材料或针对性的微生物分别制备了具有特定功能或针对特点作物的功能有机肥。

除增加有机肥的功能外，基于无土栽培基质，尤其是草炭的不可再生资源特点，堆肥产物也开始被应用到无土栽培基质中，用于替代草炭。济南市鲁青园艺研究所在2008年第一次提出将秸秆发酵产物与草炭、化肥（三元素复合肥或尿素、过磷酸钙、磷酸二铵）按一定的比例混配成育苗或栽培基质，其中秸秆发酵物的比例为35%~80%，成功降低了对草炭等矿质材料的依赖。2011年宋迎季老师将素面沙土、园土、腐叶土、山泥、砻糠灰和草木灰、泥炭土、厩肥土、骨粉、木屑、松叶等材料经过沤制发酵就成了上好的花卉培养土。

与此同时，加拿大玛耐技术公司（MANETECH AS）提出将由淀粉衍生物或纤维素衍生物组成的药剂处理过的液体废物（尤其是牲畜生产中的液体废物），喷洒到天然木质纤维素材料上进行堆肥，并借助好氧细菌对含有废水的吸附材料进行混合、曝气和分解所得到的有机肥。

2012年浙江工商大学（CN201210387747.8）将常规堆肥产物通过补水、接种可降解类固醇雌激素的微生物菌剂、调节理化性质等步骤后，经过堆置和密闭发酵一定时间，得到去除畜禽粪便堆制肥中类固醇雌激素的最终产物。

日本的宜资股份有限公司（E'S INC）在2012年提出一种利用家蝇幼虫将家畜排泄物生产成有机肥的生产系统，该系统将孵化的家蝇卵投入到酶促水解的家畜粪便中，用其降解转化废弃物，反应后分别收集废弃物与家蝇幼虫，该过程重复数次，得到降解完成的有机肥料和家蝇及其新生卵。

随后的几年时间里，四川农业大学等多家国内研究单位，通过添加特定的功能材料或针对性的微生物分别制备了具有特定功能或针对特点作物的功能有机肥。

辽宁省微生物科学研究院于2015提出了利用发酵隧道快速发酵畜禽粪便生产有机肥的方法：即在地面上靠近晾晒场处构建至少3条平行布置的发酵隧道；在发酵隧道地面均匀铺设数条纵向平行布置的通风管，横向相邻的通风管之间的间距为30~40厘米，通风管的首尾分别相连通，在通风管上均设多个朝上的风嘴，通过高压风机向隧道内供给高压风；配制固体发酵培养料，将配好的固体发酵培养料装入其中一条发酵隧道，自然发酵，进行通风，连续发酵5~7天；然后将物料通过抛料机转至另一条发酵隧道，进行通风发酵；再将物料转移至第三条发酵隧道，发酵4~5天，完全腐熟即可。这是在传统条垛堆肥的基础上创新性的新堆肥方式，工艺简单，发酵速度快，生产周期短，能减少营养元素损失，解决生产过程中因畜禽粪便数量大等难以处理的问题。

2016年，以色列 S G T SUSTAINABLE GREEN 公司向世界知识产权组织提交的专利申请中，提供了一种用于处理牲畜废物，特别是来自养牛场或养猪场的废物的有效系统。新设施和方法采用特殊的浆料流通过物料收集池、预处理通道、厌氧反应器、好氧搅拌反应器和堆肥池等一系列反应过程，将每日牲畜废水转化为优质堆肥和安全水，以释放到市政系统中或用于农业。这个反应体系又在前期厌氧—好氧连续反应体系的基础上进行了进一步的优化。

近年来,已有很多研究通过添加外源辅助材料和微生物菌剂对有机固体废弃物的堆肥过程进行不同功能的优化,包括减少氮素损失、降解物料中的有机污染物和抗性基因,以及钝化重金属等,仅2018—2019年,就有3项专利分别通过接种蝇蛆、添加钝化剂和外源加热辅助添加生物炭等方式钝化堆肥过程中的重金属。

4.4 重要专利

4.4.1 基于专利被引量(表4-1)

表4-1 畜禽粪污堆肥技术重要专利(一)

公开号	标题	申请人(专利权人)	引用数量/次
US6299774B1	Anaerobic digester system	AGRI GAS INT	303
US6464875B1	Food, animal, vegetable and food preparation byproduct treatment apparatus and process	PILGRIMS PRIDE CORP	161
US6569332B2	Integrated anaerobic digester system	AGRI GAS INT	139
US6368849B1	Method and plant for the treatment of liquid organic waste	GR BIOTECH LONBERG & LETH CHRISTENSEN	129
US4274838A	Anaerobic digester for organic waste	ENERGY CYCLE	93
US5853450A	Method for treating bioorganic and wastewater sludges	俄亥俄医学院	84
US20030038078A1	Process for producing energy, feed material and fertilizer products from manure	STAMPERKEN, SKINNER RICHARD	71
US5603744A	Process for establishing optimum soil conditions by naturally forming tilth	KUERNER RUDOLF	70
US3676074A	Apparatus for treating organic waste	YAMATO SETSUBI KOJI	62
CN1872814A	驱虫有机肥料的制备方法	白会新,白德杰	62

4.4.2 基于权利要求数量(表4-2)

表4-2 畜禽粪污堆肥技术重要专利(二)

公开号	标题	申请人(专利权人)	权利要求数量/次
WO2002015945A8	Concept for slurry separation and biogas production	绿色农业能源公司,BONDE TORBEN A,PEDERSEN LARS JOERGEN	157

（续表）

公开号	标题	申请人（专利权人）	权利要求数量/次
AU2001281754B2	Concept for slurry separation and biogas production	GREEN FARM ENERGY AS	155
EP1320388B1	Concept for slurry separation and biogas production	GREEN FARM ENERGY AS	152
IDP000037921B	Konsep untuk pemisahan lumpur dan produksi biogas	GREEN FARM ENERGY AS	107
CA3030032A1	Compositions and methods of increasing survival rate and growth rate of livestock	DRYLET	84
WO2003042117A1	Integrated anaerobic digester system	AINSWORTH JACKL, ATWOOD DAN, RIDEOUT TOM	79
US6569332B2	Integrated anaerobic digester system	AGRI GAS INT	79
CA2461395A1	Integrated anaerobic digester system	AINSWORTH JACKL, ATWOOD DAN, RIDEOUT TOM	79
EP1446358A4	Integrated anaerobic digester system	AINSWORTH JACKL, ATWOOD DAN, RIDEOUT TOM	79
AU2002239418A1	Integrated anaerobic digester system	AINSWORTH JACKL, ATWOOD DAN, RIDEOUT TOM	79

4.4.3 基于INPADOC同族数量（表4-3）

表4-3 畜禽粪污堆肥技术重要专利（三）

公开号	标题	申请人（专利权人）	INPADOC同族数量/件
AR043944A1	Procedimiento yaparato paralacon-versionde materiales organicos, de desecho o de escaso valor en productos utiles	AB-CWT, LLC.	131
EP1320388B1	Concept for slurry separation and biogas production	Green Farm Energy A/S	60
BG66347B1	Method for slurry separation and biogas production	Green Farm Energy A/S	60

(续表)

公开号	标题	申请人（专利权人）	INPADOC 同族数量/件
YU45100B	Process for the manufacture of an agent for producing a high quality fertilizer or for initiating or accelerating aerobic	GRAEFE GERNOT	52
DE2948176C2	tunnel reactor for the rotting of animal droppings or other organic substances that are added in portions	NEMETZ HERBERT	50
KR1019960013342B1	Organic matter treatment apparatus and method	三洋电机株式会社	37
DK152038C	Method for anaerobic conversion of solid organic waste material originating from plants and / or animals	INST VOOR BEWARING & VERWERKING VAN LANDBOUWPRODN	33
FR2227245B1	Inrichting VOOR het bereiden van compost uit afval.	JOHNSONCONSTR CY	27
ES2604706T3	Organic fertilizer production system	E'S INC	26
RS60242B1	Process and facility for the treatment of livestock waste	S G T SUSTAINABLE GREEN TECH LTD	26

4.4.4 基于专利强度（表4-4）

表4-4 畜禽粪污堆肥技术重要专利（四）

公开号	名称	申请人（专利权人）	专利强度
US9643868B2	Method for treating animal waste	ENVIROKURE, INCORPORATED	91
EP1320388B1	Concept for slurry separation and biogas production	GREEN FARM ENERGY A/S	90
US9688584B2	Process for manufacturing liquid and solid organic fertilizer from animal waste	ENVIROKURE, INCORPORATED	90
US9994493B2	Process for manufacturing liquid and solid organic fertilizer from animal manure	ENVIROKURE, INC.	90
US10343953B2	Process for manufacturing liquid and solid organic fertilizer from animal manure	ENVIROKURE INCORPORATED	90

(续表)

公开号	名称	申请人（专利权人）	专利强度
EP0934998B1	Method and device for the methanation of biomasses	HOFFMANN, MANFRED, PROF. DR.; INSTITUT FUER AGRARTECHNIK BORNIM E. V. ATB	87
US6368849B1	Method and plant for the treatment of liquid organic waste	GR BIOTECH LONBERG & LETH CHRISTENSEN	86
CN105838644B	复合微生物菌剂和菌肥及其制备方法和在修复盐碱土壤中的应用	陈五岭	86
US6299774B1	Anaerobic digester system	AGRI-GAS INTERNATIONAL LIMITED PARTNERSHIP	85
US9596827B2	Method for reprocessing animal bedding	EQUINE ECO GREEN LLC	85
CN106220262B	一种消化处理禽畜粪便与秸秆的方法	农业部南京农业机械化研究所	81
US6464875B1	Food, animal, vegetable and food preparation byproduct treatment apparatus and process	PILGRIM'S PRIDE CORPORATION	80

4.4.5 基于诉讼（表4-5）

表4-5 畜禽粪污堆肥技术重要专利（五）

公开号	标题	申请人（专利权人）	诉讼/件
JP2581882B2	牛粪快速发酵堆肥方法	中部饲料株式会社	2
CN102180717B	低投入环保处理畜禽粪便快速生产有机肥的工艺	北京养鸡业协会，李庆康	1
CN100486936C	一种有机肥料及其制备方法	凌文武	1

4.5 小结

4.5.1 全球畜禽粪污堆肥技术研发较为活跃，目前处于快速发展期，国内外发展进程不同步

全球畜禽粪污堆肥技术的专利申请大致经历了3个发展阶段：1916—1994年（萌

芽期）、1995—2007 年（缓慢发展期）和 2008 年至今（快速发展期），目前相关技术仍处于快速发展期。

外国畜禽粪污堆肥技术大致经历萌芽期（1921—1969 年）、缓慢发展期（1970—2004 年）、稳定期（2005 年至今），目前处于发展稳定期；我国该领域的专利申请大致呈现 3 个阶段：萌芽期（1996—2008 年）、缓慢发展期（2009—2011 年）和快速发展期（2012 年至今），目前处于快速发展期。

4.5.2 中国是畜禽粪污堆肥技术研发的主战场和新兴市场

中国、韩国和日本是全球主要的畜禽粪污堆肥技术来源国，中国专利申请量 5 638 件居世界第一，占全球该领域专利总申请量的 76.8%，其研究热度最高，2001 年以来，该领域专利申请从以韩、日、中、美、德五国为主的多国申请逐渐转向以中国为主的单国申请。中国、韩国、日本和美国是该领域的主要专利布局国，10 余年来该领域的专利布局逐渐向中国市场集中，中国市场的技术研发热度和关注度日益攀升。

4.5.3 我国畜禽粪污堆肥技术研发主体技术研发数量优势明显，但技术研发创新性和全球化布局有待提升

畜禽粪污堆肥技术全球专利申请人 TOP10 包括 5 家高校及科研机构和 5 家企业，全部来自中国。与同领域外国专利申请人相比，我国申请人在专利申请规模上优势显著，但在授权发明专利量、授权发明占比、有效专利量和有效专利占比方面不及外国申请人。

与韩、日、美、德相比，中国约 99% 的专利布局在本国市场，在中国以外市场布局的专利不到 1%，而德国和美国仅 50% 左右的专利布局在本国市场，约半数的专利布局在国外市场，我国在相关技术的全球化布局和保护方面略显不足；从企业类申请人所申请专利的占比来看，美国和日本均超过 60%，中国畜禽粪污堆肥技术产业化程度不及美国和日本。

4.5.4 我国本土机构对畜禽粪污堆肥技术的研发积极性推动我国该技术的快速发展

我国畜禽粪污堆肥技术发展大致萌芽期（1996—2008 年）、缓慢发展期（2009—2011 年）和快速发展期（2012 年至今）经历 3 个阶段，目前该技术仍处于快速发展期。我国畜禽粪污堆肥技术专利绝大多数来自本国申请，江苏、安徽、广西和山东是我国该领域的主要技术来源省市，来华申请国主要有日本、韩国和美国，占比不足 1%。

4.5.5 企业成为我国畜禽粪污堆肥技术的重要创新主体，但重申请轻维护轻质量现象亟待改善，与同领域外国企业有较大差距

我国畜禽粪污堆肥技术专利申请人 TOP10 包括 5 家高校及科研机构和 5 家企业，

我国非常注重畜禽粪污堆肥技术的研发并且注重其相关技术的产业化，初步形成了由企业和院校/研究所主导的二元创新主体，企业的技术研发积极性逐渐超越高校及科研机构，成为该领域的重要创新主体，但在技术创新性上不及同领域高校及科研机构。

该领域外国申请人的授权专利占比大多超过半数，其有效专利占比均超过40%，而我国企业授权专利量及其占比整体偏低，失效专利比重偏高，企业申请的专利大多处于失效状态，其失效状态原因包括专利提交申请后未获得授权以及专利虽授权但因未缴年费而失效，因未缴年费而失效的专利占比达1/3。

4.5.6 畜禽粪污堆肥技术热点内容广泛，生物有机肥技术、专用肥或复混肥技术及堆肥装置设备研发热度较高

全球畜禽粪污堆肥技术热点主要包括：畜禽粪污除味及无害化处理技术、制备有机肥或生物有机肥技术、制备专用肥或复混肥技术、制备肥料的装置设备、制备堆肥菌剂技术、制备土壤改良剂技术、制备重金属钝化剂技术、制备沼气沼渣沼液技术、制备食用菌、生物菌剂或育苗基料技术。

4.5.7 畜禽粪污堆肥技术发展历程

堆肥技术专利申请起源于欧洲，1921年，英国专家设计了应用于处理粪便、死亡动物和污泥等有机残留物的好氧发酵反应体系，1937年，该处理方法应用到垃圾和稻草等废弃物上，制备成生物燃料，或搭配其他金属元素制备肥料，出现现代堆肥技术的雏形。1947年，西班牙学者构建了通过生物发酵将植物或动物废弃物转化为有机肥的技术及其反应体系。20世纪80年代以来，堆肥相关研究的重点逐步转移到通过不同方式加速反应过程，并将得到的堆肥产品进行多方面的应用。21世纪初构建完成厌氧—好氧连续处理系统，成功将动物、蔬菜和食品副产物材料转化为有用的沼气等生物燃料、肥料和土壤改良剂。近年来，通过添加外源辅助材料和微生物菌剂对堆肥过程进行不同功能的优化，专用肥或功能有机肥研究热度提升。

5 重点申请人分析

美国希乐克公司（XYLECO INC）以1 467件专利申请在全球申请机构中排名第一，在农业废弃物资源化利用领域占有重要地位。通过对其进行分析，可了解该领域国际型大企业的技术创新路线和知识保护布局，可为我国该领域相关企业提供有益的借鉴。

5.1 机构简介

美国希乐克公司（XYLECO INC）是一家生物技术公司，致力于为资源日益短缺的世界创造资源，在韦克菲尔德、摩斯湖拥有实验室及先进的生物处理设施。目前在100个国家（地区）拥有大量涉及能源再生和生物质处理的专利及专利申请，遍布全球各个大洲，从2008年开始持续快速发展，专利申请量迅速增长。

希乐克的核心技术是通过重组生物质来提取糖分，并拥有多项相关专利技术。此外，还利用该技术制得的糖研发了各种糖类衍生品，涉及动物营养（牲畜饲料、化肥和农药）、食品（甜味剂、防腐剂等添加剂）、健康与营养（化妆品、洗涤剂、药品等）、材料（可降解塑料、食品包装、复合材料等）、建筑施工（油漆、树脂、涂料等）、能源与交通（液体燃料、防冻剂等）等行业。

希乐克还拥有纤维素乙醇生产技术及相关专利，能够按照主要的"低碳"和类似燃料标准，以商业规模生产纤维素乙醇和其他替代的先进纤维素燃料。

希乐克公司的专利申请始于1997年，经过20多年的发展，公司的专利申请总量已高达3 492件。公司从2004年开始涉足农业废弃物资源化利用领域，包括农业废弃物应用于牲畜饲料、化肥和农药等领域的业务，该领域的专利申请量共1 467件，超过公司专利申请总量的1/4，本研究将以该领域的专利作为主要数据来源对该公司的技术发展态势、市场布局以及主要发明人展开分析。

5.2 专利申请脉络

从全球专利申请脉络来看，2004—2020年希乐克公司的发展历程具有明显的波动性，公司的技术发展具有明显的阶段性。

2004—2008年：纤维素结构及合成技术。希乐克公司从2004年申请第一件专利开始，到 2006 年一直处于萌芽阶段，在 2007 年出现了第一次申请小高峰，达到 43 件，涉及纤维素分子结构、纤维素相关物质的合成、以及纤维素的化学加工工艺和物理加工工艺。

2009—2012 年：纤维素基质提取技术。经过 2008 年的冷却期，在 2009—2010 年申请量急剧增加，达到 235 件，出现第二次申请高峰，处于迅速发展阶段，公司开始研发从植物物质提取和制备糖的化学工艺，以及开展纤维素基质的相关研究。之后两年有所回落，维持在 80 件左右。

2012—2020 年：纤维素制糖加工技术。2012 年开始，逐渐出现第 3 次申请高峰，2014 年的申请量达到顶峰 266 件，此阶段进入利用纤维素制糖的化学和物理工艺的研发成熟阶段，例如发酵、糖化及光电辐射等方法。2015—2017 年，公司的申请量呈现下降趋势。

综上可知，该公司的核心技术研发与申请具有明显的阶段性，究其原因，这与公司对糖的制备工艺流程中阶段性技术突破密切相关，因而造成了申请量的阶段性波折（图 5-1）。

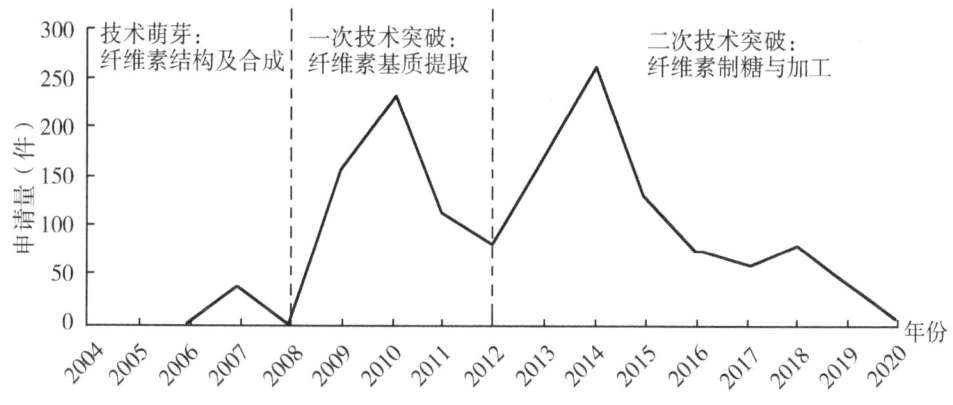

图 5-1 农业废弃物资源化利用技术领域希乐克公司全球专利申请趋势

5.3 专利市场布局

从专利申请地域来看，希乐克公司的全球市场布局涉及国家较多，各个大洲均有涉及，主要分布在北美洲、大洋洲、中亚和西亚，专利申请量占比超过 60%。涉及欧亚专利局、欧洲专利局、世界知识产权组织、非洲知识产权组织、非洲地区知识产权组织等。

从主要技术流向国家及技术构成来看（图 5-2、表 5-1），排名前十的国家（地区）中，美国以 190 件的申请量居于首位，技术构成主要是含有糖残基的化合物、木质纤维材料等高分子化合物的制备，少量分布在粒子辐射等物理工艺方面；澳大利亚（148 件）和以色列（107 件）分居第二位和第三位，是美洲、大洋洲和亚洲的主要市场代表，澳大利亚的技术分布主要在基于植物基质的化合物及相关的化学提取工艺或方法，以色列则主要在木质纤维材料衍生的高分子化合物的提取。其余依次为日本（76件）、新加坡（74件）和中国（71件），均归属于亚洲，排名前十的国家中，亚洲国家共有5个，申请量的总占比为42%，反映出希乐克公司对亚洲市场的重视，公司在亚洲市场的技术布局主要包括：含有糖残基的化合物制备、涉及酶学、微生物学等生物化学装置和发酵工艺。此外，印度和墨西哥也是主要的技术流向国，但印度的技术构成较为单一，主要涉及含有糖残基的化合物制备。

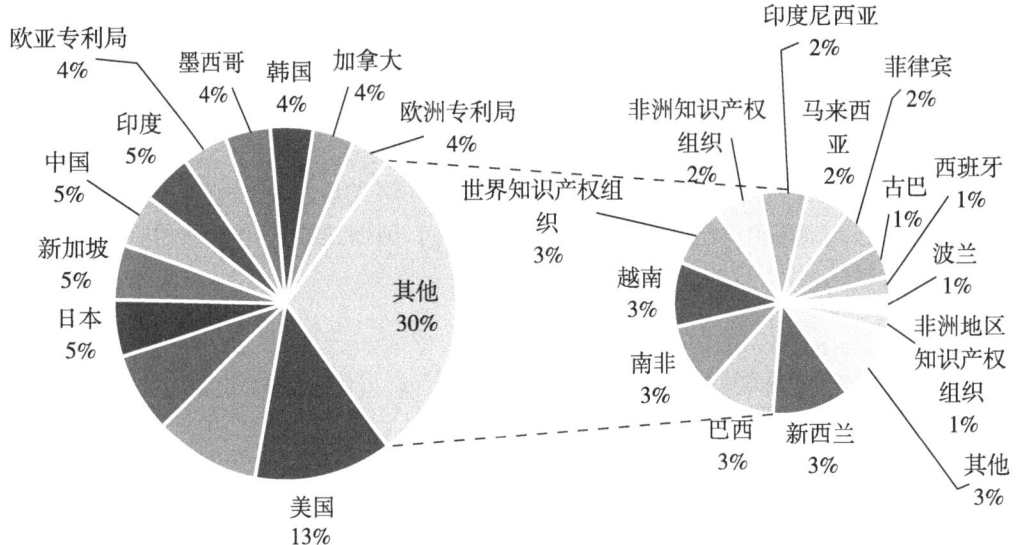

图 5-2　希乐克公司全球专利申请地域分布

表 5-1　希乐克公司全球专利主要目标市场专利技术构成　　　　　（单位：件）

IPC 分类号	美国	澳大利亚	以色列	日本	新加坡	中国	印度	欧亚专利局	墨西哥	韩国
C12P19	182	42	32	22	16	34	13	22	32	37
C08H8/00	47	40	42	7	8	12	3	10	10	8
C10L	58	66	13	2	5	7	0	4	4	8
C12M1	57	15	15	14	13	12	2	5	6	24
C08L	28	68	8	4	7	10	3	8	4	4
B01J	62	11	3	0	7	7	2	17	9	13
C10G	30	36	6	0	1	5	1	2	5	7
C08J	8	41	4	5	5	8	2	8	6	5
A23K	24	6	26	6	5	3	0	4	2	1
C08B1/00	18	7	1	0	3	2	0	9	1	4

5.4 主要发明人

从希乐克公司的主要发明人分析，排名前十的发明人（图5-3）主要涉及生物、化学和物理领域，其中前三名发明人的专利申请总量占比占据90%以上。结合发明人所申请专利的技术领域（表5-2）分析，Medoff Marshall 以1 306件专利申请量排名第一，其主导或参与的数量占申请总量的89%，作为公司的创始人、董事长兼首席执行官，他主张通过专利组合形成知识产权保护墙，其技术分布广泛，主要在C12P7（含氧有机化合物制备）、C12P19（含糖残基化合物制备）和C13K1（葡萄糖）。Masterman Tomas 排名第二，专利申请量841件，其主要技术分布在C12P7（含氧有机化合物制备）、C12P19（含糖残基化合物制备）、C13K1（葡萄糖），此外在C12M1（酶学或微生物装置）表现较好。Paradis Robert 排名第三，技术分布在C12P7（含氧有机化合物制备）和B01J19（化学、物理方法或设备），可以看出，前三位发明人是希乐克公司的重要发明人，技术分布各有侧重，是技术研发的主力。

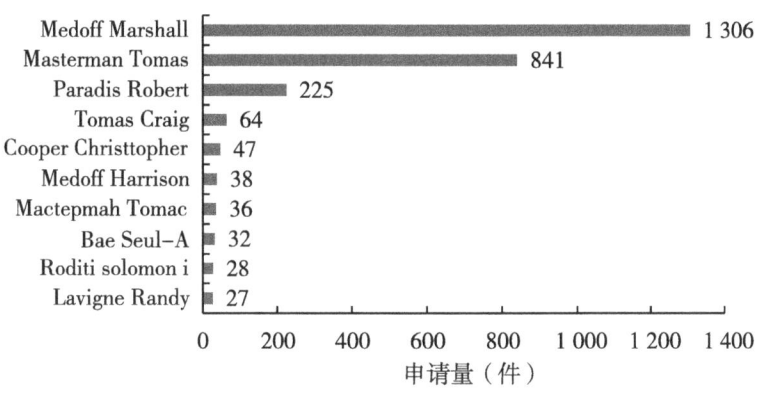

图5-3　希乐克公司全球专利主要发明人

表5-2　希乐克公司全球专利Top3发明人技术领域分布　　　　　　　（单位：件）

IPC分类号	Medoff Marshall	Masterman Tomas T	Paradis Robert
C12P7	669	484	96
C12P19	427	311	33
C08H8	233	94	10
C13K1	237	184	31
B01J19	203	109	79
C12M1	175	147	24
C10L1	123	32	13
C10G1	109	30	26
C08J3	130	26	3
C08L97	108	43	1

5.5 在华申请分析

5.5.1 年度申请趋势

从希乐克公司在华专利申请总量为71件,从申请趋势来看,公司于2007年开始在中国进行专利布局,从2009年开始,专利的申请量逐年上升,到2010年出现第一个高峰,年度专利申请量达到15件。2011年和2012年申请量持续下降,专利申请量降至5件。2012—2014年,申请量迅速上涨,2014年的年度增长率达157%,申请量达到顶峰(18件)。随后在2015年出现下降并终止布局。

结合希乐克公司在全球申请趋势来看,两次研发高峰与公司在全球的迅速发展期呈现同步状态,也是公司在亚洲市场进行扩张的重要阶段,可以看出,中国作为亚洲最大的国家,也是希乐克公司的重要目标市场(图5-4)。

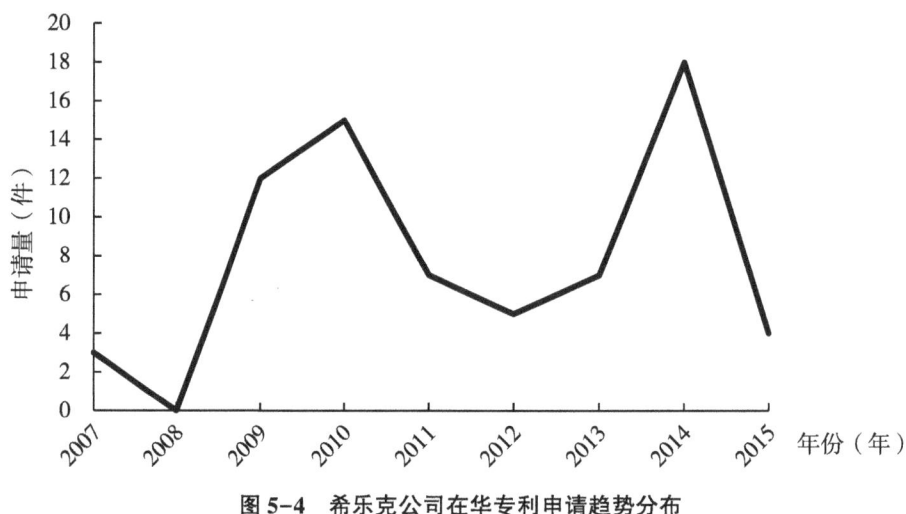

图5-4 希乐克公司在华专利申请趋势分布

5.5.2 法律状态分布

从希乐克公司在华专利的法律状态来看,处于审中状态的专利有35件,有效专利23件,失效专利13件(图5-5)。在13件失效专利中,包括驳回专利12件,撤回专利1件,申请时间范围从2007年延续至2014年(图5-6),专利内容主要涉及木质纤维材料衍生高分子化合物、纤维材料基质等生物质的化学或物理加工工艺,是该公司生产乙醇或糖类及衍生物的主要技术。被驳回的12件专利均提交了复审程序,从中可以看出,希乐克公司对于中国市场的重视程度及其对专利权利积极争取和维护的强烈意识。

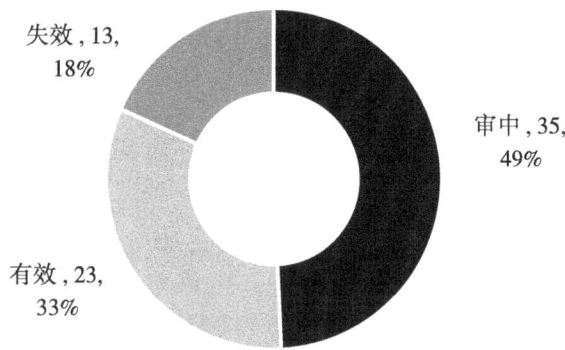

图 5-5 希乐克公司在华专利法律状态分布

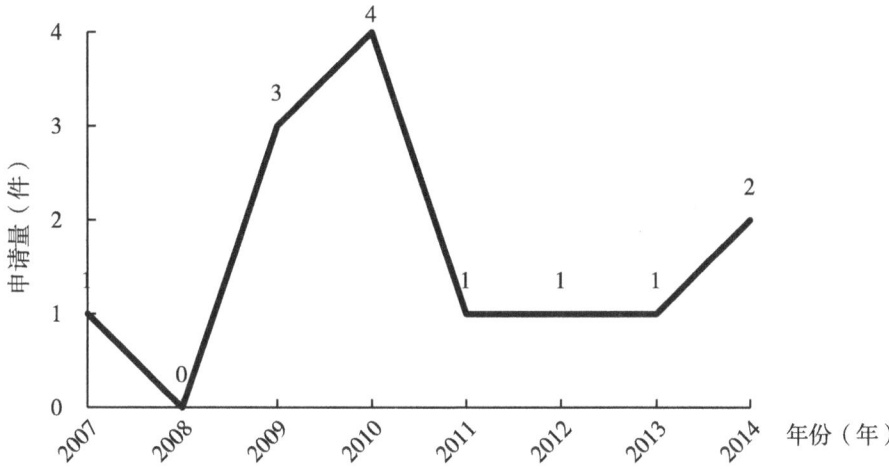

图 5-6 希乐克公司在华失效专利时间趋势

5.6 重要专利

从专利被引频次、INPADOC 同族专利数量和权利要求数量 3 个方面，对重要专利进行筛选，分别筛选出 3 个指标中排名前十的专利，共计 30 件，详细信息见表 5-3。

表 5-3 希乐克公司农业废弃物资源化利用领域全球重要专利

序号	申请号	标题	申请时间/年	发明人
1	PCT/US2014/021638	Processing biomass materials	2014	MEDOFF, MARSHALL | MASTERMAN, THOMAS CRAIG | BAXTER, JOHN J.

(续表)

序号	申请号	标题	申请时间/年	发明人
2	US13/435370	Processing biomass	2012	MEDOFF, MARSHALL
3	US15/136343	Equipment protecting enclosures	2016	MEDOFF, MARSHALL ｜ MASTERMAN, THOMAS CRAIG ｜ PARADIS, ROBERT
4	PCT/US2011/024470	Processing biomass	2011	MEDOFF, MARSHALL
5	PCT/US2011/037322	Processing biomass	2011	MEDOFF, MARSHALL ｜ MEDOFF, HARRISON
6	US13/932814	Processing biomass	2013	MEDOFF, MARSHALL ｜ MASTERMAN, THOMAS CRAIG ｜ LAVIGNE, RANDY ｜ HUANG, JAMIE K ｜ CREASEY, KAITLYN
7	US15/099498	Array for processing materials	2016	MEDOFF, MARSHALL ｜ MASTERMAN, THOMAS CRAIG ｜ PARADIS, ROBERT
8	US13/589913	Processing biomass	2012	MEDOFF, MARSHALL
9	US13/042692	Processing biomass and petroleum containing materials	2011	MEDOFF, MARSHALL
10	US13/922672	Processing biomass containing materials	2013	MEDOFF, MARSHALL
11	BR112015019241	Reconfigurable procedural compartments	2014	MARSHALL MEDOFF ｜ THOMAS CRAIG MASTERMAN ｜ ROBERT PARADIS
12	US16/353180	Processing biomass	2019	MEDOFF, MARSHALL
13	JP2018019706	Method and system for saccharification and fermentation of biomass feedstock	2018	MEDOFF, MARSHALL
14	US16/568775	Processing biomass	2019	MEDOFF, MARSHALL
15	JP2016514108	Biomass processing	2014	MARSHALL MEDOFF ｜ THOMAS CRAIG MASTERMAN
16	US16/660641	Processing biomass and petroleum containing materials	2019	MEDOFF, MARSHALL
17	US16/192631	Processing biomass	2018	MEDOFF, MARSHALL ｜ MASTERMAN, THOMAS CRAIG

(续表)

序号	申请号	标题	申请时间/年	发明人
18	CN201610210145.3	加工生物质	2012	BAE, SEUL-A ｜ VALDEZ RANDY ｜ MEDOFF, MARSHALL ｜ MASTERMAN, THOMAS, CRAIG
19	CA2796789	Processing biomass	2011	MEDOFF, MARSHALL ｜ MEDOFF, HARRISON
20	AU2019205997	Conversion of Biomass	2019	COOPER, CHRISTOPHER ｜ MEDOFF, MARSHALL ｜ KHAN, JIHAN ｜ MASTERMAN, THOMAS
21	US13/911980	Processing biomass and petroleum containing materials	2013	MEDOFF, MARSHALL
22	PCT/US2014/021634	Processing biomass and energy	2014	MEDOFF, MARSHALL ｜ MASTERMAN, THOMAS, CRAIG ｜ RODITI, SOLOMON, I.
23	CN201480008805.9	加工生物质和能量	2014	MEDOFF, MARSHALL ｜ MASTERMAN, THOMAS, CRAIG ｜ RODITI, SOLOMON, I.
24	CA2886053	Processing biomass and energy	2014	MEDOFF, MARSHALL ｜ MASTERMAN, THOMAS CRAIG ｜ RODITI, SOLOMON I.
25	VN1201503002	Method for creating energy and methods of birthday treatment	2014	RODITI, SOLOMON I. ｜ MASTERMAN, THOMAS CRAIG ｜ MEDOFF MARSHALL
26	SG11201502287V	Processing biomass and energy	2014	MEDOFF, MARSHALL ｜ MASTERMAN, THOMAS, CRAIG ｜ RODITI, SOLOMON, I.
27	MX2015010416	Processing biomass and energy	2015	MASTERMAN, THOMAS CRAIG ｜ MEDOFF, MARSHALL
28	CN201811200340.3	加工生物质和能量	2014	MEDOFF, MARSHALL ｜ MASTERMAN, THOMAS, CRAIG ｜ RODITI, SOLOMON, I.
29	BR112015019231	Processing and energy biomass	2014	—
30	AU2020200148	Processing Biomass and Energy	2020	MASTERMAN, THOMAS CRAIG ｜ MEDOFF, MARSHALL ｜ RODITI, SOLOMON I ｜ RODITI, SOLOMON I.

5.7 小结

5.7.1 围绕生物质资源化利用前端核心技术构建完备的专利保护网

希乐克公司核心技术是通过重组生物质提取糖分，生产糖及糖的衍生产品的生物质糖化技术，其1 467件全球专利申请均围绕这一核心技术进行布局保护，内容主要涉及木质纤维材料衍生高分子化合物、纤维材料基质等生物质的化学或物理加工工艺，是该公司生产乙醇或糖类及衍生物的基础技术。

希乐克公司的技术研发具有明显阶段性，随着制糖工艺流程中的技术突破而出现申请高峰，发展过程中出现两次较为明显的申请高峰，分别是围绕对植物基质的研究（2010年）和利用纤维素制糖及衍生物的研究（2014年）。

5.7.2 注重核心技术的全球化布局，高度重视中国市场

希乐克公司在全球市场布局较为广泛，各个大洲均有涉及，特别重视北美洲、大洋洲、中亚和西亚等地区的市场，对专利的维护意识较强，已经形成较强的专利保护壁垒。这也体现出公司创始人，兼重要发明人 Medoff Marshall 的管理理念和对技术的重视。

希乐克公司对中国市场的布局较早，中国是公司开拓亚洲技术市场的第二大国家，目前已在中国提交了71件专利申请，申请的专利技术以纤维素基质的利用和糖及衍生品、乙醇的制备工艺为主，其中有效专利23件，处于审中状态的专利有35件，失效专利13件，其中含被驳回专利12件，但其对被驳回的12件专利均提交了复审程序。

6 结论与建议

6.1 结论

6.1.1 中国对农业废弃物资源化利用技术的强烈需求，促使中国成为该领域专利申请大国，并处于快速发展期

我国是农业大国，农业在经济社会发展中占据着基础性、战略性地位。随着我国农业产量产能的提升，随之而来的是大量农业废弃物的产生，据统计我国每年产生各类农作物秸秆约 6.5 亿吨，畜禽粪便产生量约 20 亿吨，是我国工业废弃物产生量的 3.2 倍。地少人多的现实情况，也使我国面临的资源环境压力更为巨大。以农作物秸秆为例，中国是世界第一大秸秆产出国，占全球秸秆资源量的近 1/5。受农村经济社会发展水平和农业生产条件等因素制约，中国农作物秸秆资源供给显现出阶段性、结构性和区域性过剩现象，农作物秸秆 60% 未被有效利用，随处堆放或就地焚烧，严重污染了环境。而国外以还田循环利用为秸秆利用的主导方式，因此，对秸秆资源化利用技术的需求不如我国旺盛。此外，近年来，我国落实习近平总书记"绿水青山就是金山银山"的绿色发展理念，在政策、资金等方面向环境保护、生态治理倾斜，对农业废弃物资源化利用技术的研发起到了推动作用。在此背景下，我国在该领域的专利申请量激增，也带动了全球专利申请量的上升。截至 2020 年 9 月 30 日，全球农业废弃物资源化利用领域专利申请共 107 129 件，2000—2019 年的相关专利申请共 89 034 件，占全球该领域专利申请总量的 83%，成为发展最快的 20 年。而来自中国的申请专利达 73 628 件，占农业废弃物资源化利用领域全球专利申请总量的 69%。在秸秆能源化利用、畜禽粪污堆肥技术 2 个重要细分领域，中国专利申请以 7 749 件、5 638 件，分别占全球申请总量的 81.7% 和 76.7%，成为该领域名副其实的专利申请大国，中国已经成为农业废弃物资源化利用领域主要的技术来源国和布局市场。

6.1.2 农业废弃物资源化利用领域技术热点广泛，秸秆和畜禽粪污是最主要的研究对象，肥料化是主流利用途径，国内外技术布局存在明显差异

全球农业废弃物资源化利用领域技术热点分布在肥料化（秸秆直接还田、制作有机肥、复合肥和新型增值肥料）、能源化（固化成型技术、直燃技术、热解气化技术、液化技术以及发酵制沼技术等）、原料化（利用农业作物秸秆中富含的纤维素制作纸浆和木塑材料）、饲料化（利用农业废弃物制作畜禽专用饲料；利用微生物发酵技术将农

业废弃物制成生物发酵饲料；多功能、无污染饲料配方的研究等）以及基料化（用作食用菌栽培基质）等五个方面。主要技术热点体现在：秸秆、畜禽粪便应用于改善土壤肥力和育苗；秸秆等植物源农业废弃物用于食用菌栽培培养基；秸秆等植物源农业废弃物应用于畜牧养殖饲料；畜禽粪污发酵制沼技术；由秸秆、畜禽粪便、无机肥等制备的复合肥；收集、回收和处理秸秆、畜禽粪污、地膜等农业废弃物的机械装置；利用芽孢杆菌、酵母、霉菌等微生物发酵处理废弃生物质；秸秆在制备板材、纤维等工业原料方面的应用；秸秆热解气化技术及装置。

全球秸秆和畜禽粪污资源化利用领域的专利申请分别为58 187件和45 813件，占全球农业废弃物资源化利用领域专利申请总量的54%和42%，是全球农业废弃物资源化利用领域技术研发的热点研究对象。全球秸秆资源化利用和畜禽粪污资源化专利申请中，肥料化的专利申请为最多，分别占各自专利申请总量的36%和57%，肥料化是当前农业废弃物资源化利用的主流利用途径。

从研究对象来看，中国在秸秆资源化利用领域的专利申请最多，外国在畜禽粪污资源化利用方面的专利申请最多；在秸秆资源化利用领域，中国侧重于肥料化利用，外国则更加注重原料化利用和能源化利用；在畜禽粪污资源化利用领域，国内外均以肥料化利用为主，但外国更加注重肥料化利用、能源化利用和无害化处理的均衡发展。

6.1.3 中国在秸秆能源化利用领域研发热度最高，但技术热点分布与国外存在明显差异

全球秸秆能源化技术目前进入第二发展期，全球秸秆能源化利用技术研发和市场布局日益趋向中国。中国、德国、美国、丹麦和日本是主要的秸秆能源化利用技术来源国，中国专利申请量为7 749件，占全球该领域专利总申请量的81.7%，居世界首位，相关技术研发最为活跃；中国、德国、美国、欧洲地区和日本是该领域重要的专利布局区域，2001以来该领域的专利布局逐渐向中国市场集中。

在技术热点分布上，国内外存在明显差异。国外秸秆能源化利用技术以固化成型技术和直燃技术为主，其对液化技术的研发热度较高，美国对液化技术的研发尤为重视。外国直燃、固化成型、液化技术3个技术分支的专利申请，分别占其申请总量的26.6%、29.7%和21%。美国液化技术更是占到其全部申请量的56.9%。国外秸秆能源化利用技术经过了以固化成型技术和直燃技术为主转向以固化成型技术和液化技术为主的发展历程，以纤维素乙醇为代表的液化技术逐渐成为外国秸秆能源化利用技术的主要发展方向。我国秸秆能源化利用技术分布主要集中在热解气化技术和固化成型技术，两者的专利申请量分别占我国专利申请总量的27.9%和24.4%，液化技术专利申请量占比仅为7.4%。我国秸秆能源化利用技术经过了以热解气化技术为主转向以固化成型技术和发酵制沼技术为主，热解气化技术、直燃技术和液化技术并行发展的历程，液化技术发展相对缓慢。

6.1.4 中国在畜禽粪污堆肥技术领域专利申请远超其他国家，专用肥或功能有机肥是未来研发方向

全球畜禽粪污堆肥技术目前仍处于快速发展期。中国、韩国和日本是全球主要的

畜禽粪污堆肥技术来源国，中国专利申请量5 638件，占全球该领域专利总申请量的76.8%，其研究热度最高，2001年以来，该领域专利申请从以韩、日、中、美、德五国为主的多国申请逐渐转向以中国为主的单国申请。中国、韩国、日本和美国是该领域的主要专利布局国，近10余年来该领域的专利布局逐渐向中国市场集中，中国市场的技术研发热度和关注度日益攀升。

全球畜禽粪污堆肥技术热点集中在生物有机肥技术、专用肥或复混肥技术及堆肥装置设备研发上，主要体现在：①畜禽粪污除味及无害化处理技术；②制备有机肥或生物有机肥技术；③制备专用肥或复混肥技术；④制备肥料的装置设备；⑤制备堆肥菌剂技术；⑥制备土壤改良剂技术；⑦制备重金属钝化剂技术；⑧制备沼气沼渣沼液技术；⑨制备食用菌、生物菌剂或育苗基料技术。生物有机肥技术、专用肥或复混肥技术及堆肥装置设备研发热度较高。

堆肥技术经历了从早期好氧发酵反应体系设计和优化工艺以加速堆制反应过程到中期堆肥产品应用领域拓展、厌氧—好氧连续处理系统制备肥料和土壤改良剂再到近年来通过添加外源辅助材料和微生物菌剂进行功能优化制备专用肥或功能有机肥的发展过程。

6.1.5 我国全球化布局和保护有待加强，从专利大国到技术强国还有一定距离

专利国际化布局不足。我国农业废弃物资源化利用领域约99%的专利为在华申请，其向国外提交的专利申请少于其受理的国外专利申请。而美国向国外提交的专利申请达3 957件，占其申请总量的66%，其受理的国外专利申请仅为729件，是典型的技术输出国。我国在相关技术的全球化布局和保护方面略显不足。

专利质量有待提高。我国在秸秆能源化利用和畜禽粪污堆肥技术方面，与同领域外国专利申请人相比，在专利申请规模上优势显著，但在授权发明专利量、授权发明占比、有效专利量和有效专利占比方面不及外国申请人，专利质量仍有待进一步提升。

6.1.6 中国企业技术创新积极性日益高涨，但创新能力仍显不足，未出现创新型超级企业

对主要技术来源国各专利申请人类型的专利申请量进行统计，从企业类申请人所申请专利的占比来看，美国和日本均超过60%，丹麦超过50%，中国接近50%，在秸秆能源化利用领域的产业化程度已接近发达国家。

在农业废弃物资源化利用领域全球TOP10专利申请人中，9个来自中国，其中1家为外国；在秸秆能源化利用细分领域全球TOP10专利申请人中，8个来自中国，有2家中国企业；在畜禽粪污堆肥技术细分领域全球TOP10专利申请人全部来自中国，企业占据了半壁江山。可见中国企业在该领域已有了一定的技术研发能力和较强的知识产权保护意识，但从授权发明专利量来看，我国没有企业入围全球农业废弃物资源化利用领域TOP10专利权人，分别仅有1家企业进入秸秆能源化利用技术TOP10专利权人和畜禽粪污堆肥技术TOP10专利权人，企业的授权专利量及占比非常低，反映出该

领域企业虽具有较高的技术研发积极性但在技术创新性能力上还有相当差距。未出现如美国的希乐克公司（XYLECO INC）这样，在通过重组生物质来提取糖分、纤维素乙醇生产等前沿领域有所突破和布局，占据绝对优势的创新型企业。中国在农业废弃物资源化利用领域的创新主体仍然是高校院所，企业技术的创新能力还有待提升。

6.2 建议

6.2.1 注重高价值资源化利用技术的研发和专利部署，带动产业创新发展

我国与美国等发达国家在专利技术布局上的差异，在一定程度上反映了各国在农业废弃物资源化利用领域当前所处的技术发展阶段，我国虽然以绝对优势位列该领域专利申请量的榜首，但不能证明技术全球领先。我国成为该领域专利大国，在一定程度上是由国情决定，而我国在秸秆液化技术等农业废弃物高值化利用方面，专利数量相对较少，研发明显不足。更鲜见如美国希乐克公司这样创新优势显著的企业。因此，我国在满足农业还田需求的前提下，应当注重农业废弃物能源化、原料化利用等高值化利用方面的研发，以技术创新带动产业的升级。在秸秆资源化利用方面，应将研发重点放在以液化技术为代表的能源化利用技术和原料化利用技术为主的秸秆综合利用上，主要包括生物炼制生产纤维素乙醇、丁醇生物基燃料，乳酸、羟基丁酸等生物基化学品，功能性低聚糖等生物活性物质，以及纳米纤维素等新兴生物基功能材料。我国需要加强这一方向上的技术创新，突破从实验室基础、应用基础研究和技术工艺前期研发阶段，迈向商业化、产业化的瓶颈。在畜禽粪污资源化利用方面，加强增值肥料产品的技术研发，以及开发具有培肥土壤、钝化重金属、障碍土壤改良等功能的新型技术或产品。

6.2.2 积极培育企业的创新能力，加强协同创新与融合发展

在秸秆能源化利用技术和畜禽粪污堆肥技术研发领域，就专利申请量来看，我国企业已经超越高校和科研机构，成为该领域重要的技术研发主体，企业在我国农业废弃物资源化利用领域技术研发中的创新主体地位初步确立，但与我国同领域高校和科研机构相比，其技术研发创新性和专利质量仍有差距。

因此，应当推动产学研合作提升企业技术研发实力。通过前期专利分析，我国农业废弃物资源化利用领域及重点技术分支的专利权人包括中国科学院、农业农村部规划设计研究院、农业农村部沼气科学研究所、中国农业科学院等科研院所和河南农业大学、东南大学、北京化工大学、天津大学、南京农业大学、广西大学和浙江大学等高校。本领域企业可以与相关科研院所、高校加强技术合作研发，在充分利用科研院所与高校科研创新资源的基础上，结合企业在技术转化与集成、产品推广与应用和市场资源方面的优势，根据市场供给需求、有针对性、分阶段地实现农业科技成果精准转化。企业也可以通过专利许可、转让或引进获得基础技术，并通过改良创新实现技

术落地和升级，实现基础研究、技术开发及产业化转化的融合发展。

6.2.3 突破"数量"假象，提升专利质量和保护水平

我国在农业废弃物资源化领域的专利申请量快速增加，在秸秆能源化利用技术和畜禽粪污堆肥技术的专利申请规模显著多于国际上其他国家，我国已经成为农业废弃物资源化利用领域重要的技术来源国，并涌现出一批技术研发积极性较高的科研机构、高校和企业。但在庞大的专利申请量背后，透过发明专利申请的授权状况、授权专利的维护状况，映射出我国该领域重申请轻质量轻维护的专利申请和保护现状。

为了改善这一现状，迫切需求提升我国的专利质量和保护水平。我国应该引导科技产出逐步实现由重"数量"向重"质量和影响力"转变，同时注重提升国际化战略保护意识。无论是在整个农业废弃物资源化利用领域还是秸秆能源化利用技术和堆肥技术研发方面，我国都是重要的技术来源国和布局市场，10余年来，相关专利数量增长显著高于其他国家，相关技术研发非常活跃。但我国专利技术市场高度依赖本国市场，在中国以外市场的专利申请少之又少，与美、德、韩、日等发达国家相比，在相关技术的全球化布局和保护方面尚有差距。在"走出去"战略和"一带一路"倡议的大背景下，我国创新主体不仅要立足本国，优先抢占本土市场，同时也要注重专利技术的前瞻部署，提早开展相关技术专利的域外申请，为未来开拓域外市场和技术输出做足准备。

6.2.4 科学合理利用专利分析，助力领域研发布局和科技创新规划

通过专利分析明确了全球秸秆能源化利用技术的热点技术，并梳理了相关技术的发展历程，结合主要技术来源国技术分布比较，固化成型技术和直燃技术获得国内外市场的持续关注，我国秸秆能源化利用技术热点技术集中在热解气化技术、固化成型技术和直燃技术，而国外申请除聚焦固化成型技术和直燃技术之外，其对液化技术的研发热度较高，美国对液化技术的研发尤为重视，而我国液化技术一直处于缓慢发展状态。全球畜禽粪污堆肥技术热点内容广泛，涉及畜禽粪污除味及无害化处理、制备有机肥或生物有机肥、制肥装置设备、堆肥菌剂、土壤改良剂、重金属钝化剂等内容，生物有机肥技术、专用肥/复混肥技术及堆肥装置设备研发热度较高。

鉴于此，我国应当注重该领域研发内容的合理布局，科学拓展研发主题，尽量避免重复研发，减少不必要的研发投入浪费。另一方面，注重对领域重点国际申请人的专利技术跟踪与学习。希乐克公司作为农业废弃物资源化利用领域的重点申请人，我国申请人可以重点关注和跟踪其专利技术研发动向，对其技术进行重点分析和挖掘，以便为我国申请人把握领域未来技术研发走向和市场动态提供决策参考和借鉴。

参考文献

[1] 葛磊. 农业废弃物资源化利用现状及前景展望 [J]. 农村经济与科技, 2018, 29 (21): 18-19.

[2] 黄金枝, 胡桂萍, 俞燕芳, 等. 微生物在农业废弃物堆肥应用中的研究进展 [J]. 广东农业科学, 2019, 46 (1): 64-70.

[3] 李想, 赵立欣, 韩捷, 等. 农业废弃物资源化利用新方向——沼气干发酵技术 [J]. 中国沼气, 2006 (4): 23-27.

[4] 佚名. 全国每年38亿吨畜禽废弃物综合利用率只有6成 [J]. 家禽科学, 2018 (3): 5.

[5] 农业农村部. 关于印发《关于推进农业废弃物资源化利用试点的方案》的通知 [EB/OL] [2016-08-11]. http://moa.gov.cn/gk/zcfg/nybgz/201609/t20160919_5277846.htm.

[6] 付龙云, 张柏松, 李彦, 等. 利用乳酸菌处理农业废弃物的研究进展 [J]. 山东农业科学, 2019, 51 (11): 149-156.

[7] 严铠, 刘仲妮, 成鹏远, 等. 中国农业废弃物资源化利用现状及展望 [J]. 农业展望, 2019, 15 (7): 62-65.

[8] 徐慧, 韩智勇, 吴进, 等. 中德沼气工程发展过程比较分析 [J]. 中国沼气, 2018, 36 (4): 101-108.

[9] 李冬霞. 农业废弃物由"废"变"宝"助力农业绿色、可持续发展 [J]. 蔬菜, 2020 (7): 1-10.

[10] 孙振钧, 孙永明. 我国农业废弃物资源化与农村生物质能源利用的现状与发展 [J]. 中国农业科技导报, 2006 (1): 6-13.

[11] 佚名. 看看美国、丹麦、荷兰是怎样处理猪粪的? [J]. 饲料与畜牧, 2017 (12): 40-41.

[12] 秦岭, 刘克峰. 现代农业废弃物资源循环利用技术 [M]. 北京: 中国农业出版社, 2015: 10-11.

[13] 田慎重, 郭洪海, 姚利, 等. 中国种养业废弃物肥料化利用发展分析 [J]. 农业工程学报, 2018, 34 (S1): 123-131.

[14] 徐宇鹏, 朱洪光, 成潇伟, 等. 农业废弃物资源化利用产业进化与多产业联

动研究[J]. 中国农机化学报, 2018, 39 (4): 90-94.

[15] 王志春. 农业废弃物资源化利用和农产品质量安全[M]. 北京: 中国农业科学技术出版社, 2016: 232.

[16] 葛磊. 农业废弃物资源化利用现状及前景展望[J]. 农村经济与科技, 2018, 29 (21): 18-19.

[17] 王志春. 农业废弃物资源化利用和农产品质量安全[M]. 北京: 中国农业科学技术出版社, 2016: 232.

[18] 王志春. 农业废弃物资源化利用和农产品质量安全[M]. 北京: 中国农业科学技术出版社, 2016: 196.

[19] 常文韬, 袁敏, 闫佩. 农业废弃物资源化利用技术示范与减排效益分析[M]. 天津: 天津大学出版社, 2018: 40.

[20] 尹昌斌. 农业清洁生产与农村废弃物循环利用研究[M]. 北京: 中国农业科学技术出版社, 2015: 30.

[21] 王志春. 农业废弃物资源化利用和农产品质量安全[M]. 北京: 中国农业科学技术出版社, 2016: 234.

[22] 王兆忠, 洪德成. 农业废弃物资源化利用技术研究[J]. 科技与创新, 2016 (8): 17.

[23] 王志春. 农业废弃物资源化利用和农产品质量安全[M]. 北京: 中国农业科学技术出版社, 2016: 175.

[24] 常文韬, 袁敏, 闫佩. 农业废弃物资源化利用技术示范与减排效益分析[M]. 天津: 天津大学出版社, 2018: 93.

[25] 尹昌斌. 农业清洁生产与农村废弃物循环利用研究[M]. 北京: 中国农业科学技术出版社, 2015: 30.

[26] 王志春. 农业废弃物资源化利用和农产品质量安全[M]. 北京: 中国农业科学技术出版社, 2016: 180.

[27] 葛磊. 农业废弃物资源化利用现状及前景展望[J]. 农村经济与科技, 2018, 29 (21): 18-19.

[28] 常文韬, 袁敏, 闫佩. 农业废弃物资源化利用技术示范与减排效益分析[M]. 天津: 天津大学出版社, 2018: 86-87.

[29] 姜曼曼, 周飞. 农业废弃物资源化利用技术现状[J]. 低碳世界, 2018 (6): 10-11.

[30] 尹昌斌. 农业清洁生产与农村废弃物循环利用研究[M]. 北京: 中国农业科学技术出版社, 2015: 30.

[31] 王志春. 农业废弃物资源化利用和农产品质量安全[M]. 北京: 中国农业科学技术出版社, 2016: 213.

[32] 平英华, 张飞, 刘先才, 等. 农业废弃物资源化利用模式及主导途径研究[J]. 安徽农业科学, 2019, 47 (17): 216-219.

[33] 王红彦, 王飞, 孙仁华, 等. 国外农作物秸秆利用政策法规综述及其经验启示 [J]. 农业工程学报, 2016, 32 (16): 216-222.

[34] WANG C B, CHANG Y, ZHANG L X, et al. A life-cycle comparison of the energy, environmental and economic impacts of coal versus wood pellets for generating heat in China [J]. Energy, 2017, 120: 374-384.

[35] 孙宁, 王飞, 孙仁华, 等. 国外农作物秸秆主要利用方式与经验借鉴 [J]. 中国人口·资源与环境, 2016, 26 (S1): 469-474.

[36] 2018年全国及31省市农作物秸秆综合利用政策汇总及解读 [EB/OL]. https://www.sohu.com/a/281178691_99921938.

[37] 黑龙江省农业农村厅. 农业农村部在海伦召开东北地区秸秆处理行动现场交流暨成果展示会 [EB/OL]. (2018-10-25) [2019-01-20]. tj.hljagri.gov.cn/nyyq/.

[38] 河北农业编辑部. 河北省秸秆综合利用率达96.8% [J]. 河北农业, 2018 (2): 2.

[39] 2018年全国及31省市农作物秸秆综合利用政策汇总及解读 [EB/OL]. https://www.sohu.com/a/281178691_99921938.

[40] 全国畜牧总站畜禽养殖废弃物资源化利用办公室, 国家畜禽养殖废弃物资源化利用科技创新联盟. 共商打通粪污资源化利用"最后一公里"技术路径 [J]. 中国畜牧业, 2017 (16): 10-12.

[41] HADLEY G, HARSH S, WOLF C. Managerial and financial implications of major dairy farm expansions in Michigan and Wisconsin [J]. Journal of Dairy Science, 2002, 85 (8): 2 053-2 064.

[42] 陈章全, 陈世雄, 尹昌斌, 等. 德国这样处理畜禽粪便 [J]. 农村工作通讯, 2017 (14): 59-61.

[43] 徐慧, 韩智勇, 吴进, 等. 中德沼气工程发展过程比较分析 [J]. 中国沼气, 2018, 36 (4): 101-108.

[44] 国家统计局. 中国统计年鉴 (2018) [M]. 北京: 中国统计出版社, 2018.

[45] 王淑彬, 王明利, 石自忠, 等. 种养结合农业系统在欧美发达国家的实践及对中国的启示 [J]. 世界农业, 2020 (3): 92-98.

[46] United States General Accounting Office. Animal agriculture: waste management practices [J]. Community and Econimic Delepment Division, 1999, 7.

[47] SHARPLEY A, BEEGLE D, BOLSTER C, et al. Revision of the 590 Nutrient Management Standard: SERA-17 — Supporting documentation [M]. Blacksburg: Virginia Tech, 2011.

[48] 王东阳. 20世纪80—90年代欧洲有机农业政策回顾与探究 [J]. 世界农业, 2018 (7): 71-76, 201, 222.

[49] 隋斌, 孟海波, 沈玉君, 等. 丹麦畜禽粪肥利用对中国种养结合循环农业发

展的启示[J]. 农业工程学报, 2018, 34 (12): 1-7.

[50] 宋树才. 丹麦发展畜牧业的启示[J]. 现代畜牧兽医, 2007 (3): 3-5.

[51] 嘉慧. 发达国家养殖污染的防治对策[J]. 山西农业（畜牧兽医）, 2007 (7): 53-54.

[52] 王丽焕, 毛中丽, 陈琴, 等. 英国草地畜牧业发展的启示与建议[J]. 草业与畜牧, 2014 (1): 57-59.

[53] 嘉慧. 发达国家养殖污染的防治对策[J]. 山西农业（畜牧兽医）, 2007 (7): 53-54.

[54] 人民日报. 中共中央关于制定国民经济和社会发展第十三个五年规划的建议[EB/OL]. [2018-12-11]. http://www.ccps.gov.cn/zt/xxddsbjwzqh/zyjs/201812/t20181211_118207_4.shtml.

[55] 中华人民共和国农业农村部. 中共中央国务院关于落实发展新理念加快农业现代化实现全面小康目标的若干意见[EB/OL]. [2017-01-27]. http://www.gov.cn/zhengce/2016-01/27/content_5036698.htm.

[56] 新华社. 中共中央 国务院关于深入推进农业供给侧结构性改革加快培育农业农村发展新动能的若干意见[EB/OL]. [2017-02-05]. http://www.xinhuanet.com//politics/2017-02/05/c_1120413568.htm.

[57] 中华人民共和国中央人民政府. 中共中央国务院关于实施乡村振兴战略的意见[EB/OL]. http://www.gov.cn/xinwen/2018-02/04/content_5263807.htm.

[58] 中华人民共和国中央人民政府. 中共中央国务院关于坚持农业农村优先发展做好"三农"工作的若干意见[EB/OL]. [2019-02-19]. http://www.gov.cn/zhengce/2019-02/19/content_5366917.htm?from=groupmessage&isappinstalled=0.

[59] 中华人民共和国中央人民政府. 中共中央国务院关于抓好"三农"领域重点工作确保如期实现全面小康的意见[EB/OL]. [2020-02-05]. http://www.gov.cn/zhengce/2020-02/05/content_5474884.htm.

[60] 中华人民共和国中央人民政府. 中共中央国务院关于加快推进生态文明建设的意见[EB/OL]. [2015-05-05]. http://www.gov.cn/xinwen/2015-05/05/content_2857363.htm.

[61] 国务院办公厅. 国务院办公厅关于加快转变农业发展方式的意见[EB/OL]. http://www.gov.cn/zhengce/content/2015-08/07/content_10057.htm.

[62] 农业部, 国家发展改革委, 科技部, 等. 关于印发《全国农业可持续发展规划（2015—2030年）》的通知[EB/OL]. [2015-05-28]. http://jiuban.moa.gov.cn/sjzz/jgs/cfc/yw/201505/t20150528_4620635.htm.

[63] 中华人民共和国农业部. 关于印发《关于推进农业废弃物资源化利用试点的方案》的通知[EB/OL]. [2016-09-19]. http://jiuban.moa.gov.cn/

zwllm/zcfg/nybgz/201609/t20160919_5277846.htm.

[64] 中华人民共和国中央人民政府. 国务院办公厅关于加快推进畜禽养殖废弃物资源化利用的意见 [EB/OL] [2017-06-12]. http://www.gov.cn/zhengce/content/2017-06/12/content_5201790.htm.

[65] 中华人民共和国中央人民政府. 中共中央国务院印发《乡村振兴战略规划（2018—2022年）》 [EB/OL] [2018-09-26]. http://www.gov.cn/zhengce/2018-09/26/content_5325534.htm.

[66] 生态环境部, 农业农村部. 关于印发农业农村污染治理攻坚战行动计划的通知 [EB/OL] [2018-11-06]. http://www.mee.gov.cn/xxgk2018/xxgk/xxgk03/201811/t-20181108_672959.html.

[67] 平英华, 张飞, 刘先才, 等. 农业废弃物资源化利用模式及主导途径研究 [J]. 安徽农业科学, 2019, 47 (17): 216-219.

[68] 梁吉义. 生态农业发展资源化利用、一体化开发和产业化经营模式及范例剖析 [J]. 科学种养, 2019 (10): 60-62.

[69] 沼气圈. 中国沼气未来之路：农业废弃物处理与资源化利用的技术创新 [EB/OL] [2018-04-17]. https://mp.weixin.qq.com/s/cjnVD0ttDnNSL-9hP4Cy4w.

[70] 佚名. 安徽农业废弃物资源化利用走在全国前列 [EB/OL] [2019-08-11]. http://www.ah.xinhuanet.com/2019-08/11/c_1124861384.htm.

[71] 李娜. 日本农业废弃物循环利用及产业发展的经验与启示 [J]. 世界农业, 2015 (8): 162-166.

[72] 张嵎喆, 王君, 林中萍. 美国生物质能产业发展现状和相关政策研究 [J]. 全球科技经济瞭望, 2008, 23 (12): 5-8.

[73] 中华人民共和国中央人民政府. 国家能源局关于印发生物质能发展"十二五"规划的通知 [EB/OL] [2020-12-31]. http://www.gov.cn/zwgk/2012-12/28/content_2301176.htm.

[74] 中华人民共和国中央人民政府. 国家能源局关于印发《生物质能发展"十三五"规划》的通知 [EB/OL] [2020-12-31]. http://www.gov.cn/xinwen/2016-12/05/content_5143612.htm.

[75] 搜狐网. 科技部印发《"十三五"生物技术创新专项规划》 [EB/OL] [2020-12-30]. https://www.sohu.com/a/139588856_783487.

[76] 戴晓虎, 陈淑娴, 蔡辰, 等. 秸秆主流能源化技术研究与经济性分析 [J/OL]. 环境工程: 1-31 [2020-11-18]. http://kns.cnki.net/kcms/detail/11.2097.X.20201010.0853.002.html.

[77] 广东省人民政府办公厅. 转发国务院办公厅关于加快推进农作物秸秆综合利用意见的通知 [EB/OL] [2008-09-09]. http://www.gd.gov.cn/gkmlpt/content/0/136/post_136500.html#7.

[78] 发展和改革委员会,农业部,财政部.关于印发"十二五"农作物秸秆综合利用实施方案的通知[EB/OL][2011-11-29].https://www.ndrc.gov.cn/fzggw/jgsj/hzs/sjdt/201112/t20111219_1130684.html.

[79] 国家发展改革委办公厅,农业部办公厅.关于印发《秸秆综合利用技术目录（2014）》的通知[EB/OL][2015-09-15].http://www.moa.gov.cn/ztzl/mywrfz/gzgh/201509/t20150915_4829555.htm.

[80] 中国投资指南.关于进一步加快推进农作物秸秆综合利用和禁烧工作的通知[EB/OL].http://www.fdi.gov.cn/1800000121_23_72639_0_7.html.

[81] 搜狐网.关于推介发布秸秆"五料化"利用技术的通知[EB/OL][2016-06-01].https://www.sohu.com/a/80385536_390531.

[82] 农业部.关于印发农业综合开发区域生态循环农业项目指引（2017—2020年）的通知[EB/OL][2016-09-28].http://jiuban.moa.gov.cn/zwllm/tzgg/tfw/201609/t20160928_5294759.htm.

[83] 国家发展改革委办公厅,农业部办公厅.关于印发编制"十三五"秸秆综合利用实施方案的指导意见的通知（发改办环资〔2016〕2504号）[EB/OL][2016-12-07].http://www.eshian.com/laws/31165.html.

[84] 农业部.关于印发《开展果菜茶有机肥替代化肥行动方案》的通知[EB/OL][2017-02-10].http://jiuban.moa.gov.cn/zwllm/tzgg/tz/201702/t20170210_5472878.htm.

[85] 农业部.关于印发《畜禽粪污资源化利用行动方案（2017—2020年）》的通知[EB/OL][2018-01-03].http://www.moa.gov.cn/nybgb/2017/dbq/201801/t20180103_6134011.htm.

[86] 农业农村部,财政部.关于做好2018年畜禽粪污资源化利用项目实施工作的通知[EB/OL][2018-06-20].http://www.moa.gov.cn/nybgb/2018/201806/201809/t20180903_6156697.htm.

[87] 农业农村部办公厅.关于印发畜禽养殖废弃物资源化利用2019年工作要点的通知[EB/OL][2019-04-11].http://www.moa.gov.cn/ztzl/2019gzzd/sjgzyd/201905/t20190506_6288399.htm.

[88] 农业农村部办公厅,财政部办公厅.关于做好2020年畜禽粪污资源化利用工作的通知[EB/OL][2020-07-07].http://www.moa.gov.cn/xw/bmdt/202007/t20200706_6347895.htm.

附表1 我国农业废弃物资源利用领域重要政策汇总

发布机构	发布日期	文件名称	内容概要
国务院办公厅	2008年7月27日	关于加快推进农作物秸秆综合利用的意见[77]	提出了秸秆综合利用的目标任务、重点和政策措施
中共中央、国务院	2015年11月3日	中共中央关于制定国民经济和社会发展第十三个五年规划的建议	推进种养业废弃物资源化利用
中共中央、国务院	2015年5月5日	中共中央国务院关于加快推进生态文明建设的意见	发展循环经济,推进秸秆等农林废弃物资源化利用
国务院办公厅	2015年8月7日	国务院办公厅关于加快转变农业发展方式的意见	推进农业废弃物资源化利用。启动实施农业废弃物资源化利用示范工程。推广畜禽规模化养殖、沼气生产、农家肥积造一体化发展模式,支持规模化养殖场(区)开展畜禽粪污综合利用;引导和鼓励农民利用畜禽粪便积造农家肥。支持秸秆收集机械还田、青黄贮饲料化、微生物腐化和固化炭化等新技术示范。开展区域性残膜回收与综合利用,加快建成农药包装废弃物收集处理系统
中共中央、国务院	2015年12月31日	中共中央、国务院关于落实发展新理念加快农业现代化实现全面小康目标的若干意见(2016年中央一号文件)	加快农业环境突出问题治理。实施种养业废弃物资源化利用、无害化处理区域示范工程
中共中央、国务院	2016年12月31日	中共中央、国务院关于深入推进农业供给侧结构性改革加快培育农业农村发展新动能的若干意见(2017年中央一号文件)	推进农业清洁生产。大力推行高效生态循环的种养模式,加快畜禽粪便集中处理,推动规模化大型沼气健康发展。以县为单位推进农业废弃物资源化利用试点,探索建立可持续运营管理机制。鼓励各地加大农作物秸秆综合利用支持力度,健全秸秆多元化利用补贴机制
中共中央、国务院	2018年1月2日	中共中央、国务院关于实施乡村振兴战略的意见(2018年中央一号文件)	实现废弃物资源化、产业模式生态化;推进有机肥替代化肥、畜禽粪污处理、农作物秸秆综合利用、废弃农膜回收
中共中央、国务院	2019年1月3日	中共中央、国务院关于坚持农业农村优先发展做好"三农"工作的若干意见(2019年中央一号文件)	加强农村污染治理和生态环境保护。发展生态循环农业,推进畜禽粪污、秸秆、农膜等农业废弃物资源化利用,实现畜牧养殖大县粪污资源化利用整县治理全覆盖
中共中央、国务院	2020年1月2日	中共中央、国务院关于抓好"三农"领域重点工作确保如期实现全面小康的意见(2020年中央一号文件)	将农业种植养殖配建的废弃物处理辅助设施用地纳入农用地管理

(续表)

发布机构	发布日期	文件名称	内容概要
国家发展和改革委员会、财政部、农业部	2011年11月29日	"十二五"农作物秸秆综合利用实施方案[78]	推进产学研相结合,整合资源,着力解决秸秆综合利用领域共性和关键性技术难题,提高技术、装备和工艺水平。构建服务支撑体系,强化培训指导,加快先进、成熟技术的推广普及。加快推进农作物秸秆综合利用,力争到2015年秸秆综合利用率达到80%以上
国家发展和改革委员会办公厅农业部办公厅	2015年9月15日	关于印发《秸秆综合利用技术目录(2014)》的通知[79]	为指导各地推广实用成熟的秸秆综合利用技术,推动秸秆综合利用产业化发展,确保实现"到2015年秸秆综合利用率超过80%"目标任务,国家发展改革委会同农业部编制《秸秆综合利用技术目录(2014)》
农业部、国家发展和改革委员会、科技部、财政部、国土资源部、环境保护部、水利部、国家林业局	2015年5月28日	全国农业可持续发展规划(2015—2030年)	加强科技体制机制创新。加强农业可持续发展的科技工作,在农业废弃物资源化利用等方面推动协同攻关,组织实施好相关重大科技项目和重大工程。创新农业科研组织方式,建立全国农业科技协同创新联盟,依托国家农业科技园区及其联盟,进一步整合科研院所、高校、企业的资源和力量
国家发展改革委、财政部、农业部、环境保护部	2015年11月16日	关于进一步加强秸秆综合利用与禁烧工作的意见[80]	以完善秸秆收储体系,进一步推进秸秆肥料化、饲料化、燃料化、基料化和原料化利用,加快推进秸秆综合利用产业化为总体要求,从完善高效收集体系、建立专业化储运网络、提高秸秆农用水平和拓宽综合利用渠道四个方面推动产业化发展,拓宽秸秆利用渠道
农业部科技教育司	2016年6月1日	关于推介发布秸秆"五料化"利用技术的通知[81]	推介发布秸秆"五料化"利用技术19项,为秸秆综合利用技术推广和知识普及提供指导
农业部、国家发展和改革委员会、财政部、住房和城乡建设部、环境保护部、科学技术部	2016年8月11日	关于推进农业废弃物资源化利用试点的方案	聚焦畜禽粪污、病死畜禽、农作物秸秆、废旧农膜及废弃农药包装物等五类废弃物,探索构建农业废弃物资源化利用的有效治理模式。针对不同农业废弃物特点,集成现有零散的利用技术,制定不同类别、不同区域的技术解决方案,并进行优化集成,探索多元化、立体式、组合型资源化利用方式和有效利用路径。提高综合利用效益

(续表)

发布机构	发布日期	文件名称	内容概要
农业部发展计划司	2016年9月28日	关于印发农业综合开发区域生态循环农业项目指引（2017—2020年）的通知[82]	按照完整的生态循环农业链条进行项目设计，项目建设原则上须包括畜禽养殖废弃物资源化利用、农副资源综合开发、标准化清洁化生产等三部分内容，同时兼顾资源利用的多样化和废弃物处理的不同方式
国家发展和改革委员会办公厅、农业部办公厅	2016年11月24日	关于编制"十三五"秸秆综合利用实施方案的指导意见[83]	提出到2020年在全国建立较完善的秸秆还田、收集、储存、运输社会化服务体系，基本形成布局合理、多元利用、可持续运行的综合利用格局，秸秆综合利用率达到85%以上
农业部种植业管理司	2017年2月8日	开展水果蔬菜茶叶有机肥替代化肥行动方案[84]	引导农民利用畜禽粪便等畜禽养殖废弃物积造施用有机肥、加工施用商品有机肥，就地就近利用好畜禽粪便等有机肥资源，实现循环利用、变废为宝。集成推广堆肥还田、商品有机肥施用、沼渣沼液还田、自然生草覆盖等技术模式，推进有机肥替代化肥
国务院办公厅	2017年06月12日	关于加快推进畜禽养殖废弃物资源化利用的意见	以沼气和生物天然气为主要处理方向，以农用有机肥和农村能源为主要利用方向，全面推进畜禽养殖废弃物资源化利用。建立企业投入为主、政府适当支持、社会资本积极参与的运营机制，培育发展畜禽养殖废弃物资源化利用产业
农业部	2017年7月7日	畜禽粪污资源化利用行动方案（2017—2020年）[85]	以畜牧大县和规模养殖场为重点，以沼气和生物天然气为主要处理方向，以农用有机肥和农村能源为主要利用方向，加强科技支撑，强化装备保障，全面推进畜禽养殖废弃物资源化利用
国家发展和改革委员会办公厅、农业部办公厅、国家能源局综合司	2017年12月28日	关于开展秸秆气化清洁能源利用工程建设的指导意见	在北方冬季取暖地区和粮棉主产省（区）以县为单位规划实施秸秆气化清洁能源利用工程。生物质燃气产生和净化设备能够适应于以秸秆为主要原料的农林废弃物，生物质燃气要达到相应标准；要合理配套生物炭、焦油、木醋液、沼渣沼液等副产物资源化利用系统，确保终端产品得到全量利用。培育一批可市场化运营的经营主体，壮大秸秆气化清洁能源利用产业，推动秸秆综合利用产业结构优化、提质增效

(续表)

发布机构	发布日期	文件名称	内容概要
农业农村部、财政部	2018年6月	关于做好2018年畜禽粪污资源化利用项目实施工作的通知[86]	坚持政府支持、企业主体、市场化运作，推进规模养殖场源头减量，培育和发展畜禽粪污资源化利用产业，千方百计扩大农用有机肥和沼气利用渠道；统筹用好财政奖补、税收、金融、用地等优惠政策，引导和鼓励社会资本投入，积极引入政府与社会资本合作（PPP）模式，建立受益者付费机制，提高终端产品竞争力，建立可持续运行的粪污资源化利用市场机制
中共中央国务院	2018年9月26日	乡村振兴战略规划（2018—2022年）	推进农业结构调整，大力发展种养结合循环农业，促进废弃物资源就近利用，提升农业科技创新水平，支撑农业污染防治和农业废弃物资源利用
生态环境部农业农村部	2018年11月6日	农业农村污染治理攻坚战行动计划	着力解决养殖业污染，加强畜禽粪污资源化利用技术集成，因地制宜推广粪污全量收集还田利用等技术模式。有效防控种植业污染，加强秸秆、农膜废弃物资源化利用
农业农村部办公厅	2019年3月25日	畜禽养殖废弃物资源化利用2019年工作要点[87]	突出肥料化利用的基础作用，建立健全畜禽粪污肥料化利用的市场机制，打通畜禽粪肥还田利用"最后一公里"。着力推进能源化利用。加快推进沼气上网发电和生物天然气发展。利用畜禽粪污资源化项目资金，加大生物天然气发展支持力度，充分发挥农村沼气在处理畜禽粪污中的作用
农业农村部办公厅、财政部办公厅	2020年7月3日	关于做好2020年畜禽粪污资源化利用工作的通知[88]	以畜禽粪污肥料化和能源化利用为方向，聚焦生猪规模养殖场，全面推进畜禽粪污资源化利用。规模养殖场粪污治理项目要突出重点区域和主要畜种，重点支持规模养殖场建设适应粪污肥料化利用要求的设施装备，确保今年年底前全省畜禽粪污综合利用率达到75%以上，规模养殖场粪污处理设施装备配套率达到95%以上

附表2　秸秆能源化利用技术重要专利列表

申请号	标题	申请日	申请/专利权人
US13/029061	Renewable chemicals and fuels From oleaginous Yeast	2011-2-16	TERRAVIA HOLDINGS, INC.

(续表)

申请号	标题	申请日	申请/专利权人
US12/716984	System for pre-treatment of biomass for the production of ethanol	2010-3-3	POET RESEARCH, INC.
CN201620397993.5	一种沼气发酵装置	2016-5-5	安徽龙王山农业股份有限公司
CN201110123139.1	一种制备污泥成型燃料的方法及装置	2011-5-13	江苏欣法环保科技有限公司
CN201210596175.4	生物质固化成型燃料及其制备方法	2012-12-26	济南三农能源科技有限公司
CN201010130394.4	一种生物质固体成型燃料抗结渣添加剂及制备方法	2010-3-23	农业部规划设计研究院
CN201010120867.2	一种秸秆用于生物质发电与锅炉燃烧的成型燃料制备方法	2010-3-9	中国科学院过程工程研究所
CN201020183434.7	一种用于秸秆颗粒压缩成型的行星轮式内外环模加压模机构	2010-4-30	北京汉坤科技有限公司
CN201210474693.9	秸秆厌氧发酵产沼气促进剂及其制备方法和应用	2012-11-21	江苏省农业科学院
CN201020519186.9	双模对压互挤秸秆颗粒机	2010-9-7	天津特斯达生物质能源机械有限公司
BR112013032231	New sorghum plant comprising an exogenous nucleic acid comprising a regulatory regionoperably linked to a plant sterility sequence, useful e.g. in food, agricultural and energy production industries and reducing ergot fungal infections	2012-6-15	CERES INC.
PCT/US2012/042794	Sorghum with increased sucrose purity	2012-6-15	CERES, INC. ｜ PORTE-REIKO, MICHAEL, F.
RU2013102308	Producing fermentative alcohol product e.g. butanol, by separating undissolved solids from feedstock slurry, and adding aqueous solution to fermentation broth comprising recombinant microorganisms in fermentation vessel	2011-6-17	BUTAMAX TM ADVANCED BIOFUELS LLC
GB2014014046	Anaerobic digestion	2014-8-7	ANDIGESTION LTD
CN201680022630.6	木质纤维素生物质至乙醇或其他发酵产物的水热机械转化	2016-2-19	格兰生物科技知识产权控股有限责任公司
PCT/US2016/018556	Hydrothermal-mechanical conversion of lignocellulosic biomass to ethanol or other fermentation products	2016-2-19	API INTELLECTUAL PROPERTY HOLDINGS, LLC

(续表)

申请号	标题	申请日	申请/专利权人
EP2016753095	Hydrothermal-mechanical conversion of lignocellulosic biomass to ethanol or other fermentation products	2016-2-19	API INTELLECTUAL PROPERTY HOLDINGS, LLC
BR112016022614	Producing fermentation product e.g. ethanol from lignocellulosic biomass, by introducing biomass to single stage digester, refining cellulose-rich solid phase with liquid, enzymatically hydrolyzing mixture, and fermenting sugar	2016-2-19	GRANBIO INTELLECTUAL PROPERTY HOLDINGS, LLC
CA3015090	Hydrothermal-mechanical conversion of lignocellulosic biomass to ethanol or other fermentation products	2016-2-19	GRANBIO INTELLECTUAL PROPERTY HOLDINGS, LLC
NZ603291	Extraction solvents derived from oil for alcohol removal in extractive fermentation	2011-6-17	BUTAMAX TM ADVANCED BIOFUELS LLC
RU2013154067	Converting biomass to biomass-derived fuels and chemicals, comprises providing a biomass feed stream, catalytically reacting the biomass feed stream with hydrogen and a deconstruction catalyst, and separating the volatile oxygenates	2012-5-23	WEIRENT INC
US14/184288	Renewable diesel and jet fuel from microbial sources	2014-2-19	CORBION BIOTECH, INC.
US15/173335	Renewable diesel and jet fuel from microbial sources	2016-6-3	CORBION BIOTECH, INC.
NZ717336	Processing Biomass	2011-5-20	XYLECO, INC.
US13/753541	Method and apparatus for conversion of cellulosic material to ethanol	2013-1-30	INBICON A/S
US14/702210	Method and apparatus for conversion of cellulosic material to ethanol	2015-5-1	INBICON A/S
US15/013366	Method and apparatus for conversion of cellulosic material to ethanol	2016-2-2	INBICON A/S
US12/666635	Biogas plant and process for the production of biogas from ligneous renewable resources	2007-07-27	MEISSNER, JAN A.

(续表)

申请号	标题	申请日	申请/专利权人
US12/286913	Process for producing sugars and ethanol using corn stillage	2008-10-03	BOARD OF TRUSTEES MICHIGAN STATE UNIVERSITY
US12/628144	Methods for producing a triglyceride composition from algae	2009-11-30	CORBION BIOTECH, INC.
US11/919653	Pyrolysis methods and apparatus	2006-05-03	DANMARKS TEKNISKE UNIVERSITET
US11/989027	Method and apparatus for conversion of cellulosic material to ethanol	2006-07-19	INBICON A/S
EP2007786393	Biogas plant and process for the production of biogas from ligneous renewable resources	2007-07-27	MEISSNER, JAN A.
US12/717015	System for fermentation of biomass for the production of ethanol	2010-03-03	POET RESEARCH, INC.
US12/131773	Renewable diesel and jet fuel from microbial sources	2008-06-02	CORBION BIOTECH, INC.
CN200810007480.9	生物质电站燃料系统	2008-03-12	国电龙源电力技术工程有限责任公司
CN201210211831.4	一种利用玉米秸秆生产乙醇、沼气联产发电的方法	2012-06-25	国家电网公司|国网节能服务有限公司
CN200610048274.3	用敞开式快速炭化窑生产炭的工艺	2006-09-12	王有权
CN98122264.1	生物质循环流化床气化净化系统	1998-12-30	中国科学院广州能源研究所
FR1981002195	Produit combustible fabrique a base de dechets et/ou sous-produits et/ou productions agricoles non utilisees ou mal valorisees a fort pouvoir calorifique	1981-02-03	AGRI ENERGIE
CN03240815.3	环保节能气化炉	2003-03-13	吴荣昌
FR1981020983	Machinedestinee a produire des briques de paille a partir de residus cerealiers a des fins combustibles	1981-11-06	LALLOZ JACQUES
CN200610146157.0	膜分离技术净化沼气的方法	2006-11-12	张晓忠
FR1982001517	Appareil modulaire de gazeification des matieres combustibles	1982-01-26	IAKOVENKO MARINITCH VLADIMIR

附表3 畜禽粪污堆肥技术重要专利列表

申请号	标题	申请日	申请/专利权人
US09/602684	Anaerobic digester system	2000-06-26	AGRI-GAS INTERNATIONAL LIMITED PARTNERSHIP
US09/556957	Food, animal, vegetable and food preparation byproduct treatment apparatus and process	2000-04-21	PILGRIM'S PRIDE CORPORATION
US09/963130	Integrated anaerobic digester system	2001-09-24	AGRI-GAS INTERNATIONAL LIMITED PARTNERSHIP
US09/214347	Method and plant for the treatment of liquid organic waste	1998-02-20	GR BIOTECH C/O LONBERG & LETH CHRISTENSEN
US06/080940	Anaerobic digester for organic waste	1979-10-01	ENERGY CYCLE INC A CORP OF DE
US08/922845	Method for treating bioorganic and wastewater sludges	1997-09-03	MEDICAL COLLEGE OF OHIO
US09/938905	Process for producing energy, feed material and fertilizer products from manure	2001-08-24	STAMPER KEN | SKINNER RICHARD
US08/211801	Process for establishing optimum soil conditions by naturally forming tilth	1992-10-13	KUERNER; RUDOLF
US3676074DA	Apparatus for treating organic waste	1970-05-19	YAMATO SETUBI KOJI KK.
CN200610086672.4	驱虫有机肥料的制备方法	2006-06-28	白会新 | 白德杰
PCT/DK2001/000553	Concept for slurry separation and biogas production	2001-08-22	GREEN FARM ENERGY A/S | BONDE, TORBEN, A. | PEDERSEN, LARS, JOERGEN
AU2001281754	Concept for slurry separation and biogas production	2001-08-22	Green Farm Energy A/S
EP2001960198	Concept for slurry separation and biogas production	2001-08-22	GREEN FARM ENERGY A/S
IDW00200300659	Konsep untuk pemisahan lumpur dan produksi biogas	2003-03-31	GREEN FARM ENERGY A/S
CA3030032	Compositions and methods of increasing survival rate and growth rate of livestock	2017-07-06	DRYLET, LLC
PCT/US2001/045224	Integrated anaerobic digester system	2001-11-30	AINSWORTH, JACK, L. | ATWOOD, DAN | RIDEOUT, TOM

（续表）

申请号	标题	申请日	申请/专利权人
CA2461395	Integrated anaerobic digester system	2001-11-30	AINSWORTH, JACK L. ｜ATWOOD, DAN ｜RIDEOUT, TOM
EP2001987178	Integrated anaerobic digester system	2001-11-30	AINSWORTH, JACK L. ｜ATWOOD, DAN ｜RIDEOUT, TOM
AU2002239418	Integrated anaerobic digester system	2001-11-30	AINSWORTH, JACK, L. ｜ATWOOD, DAN ｜RIDEOUT, TOM
ARP20040101030	Procedimiento yaparato paralaconversion de materiales organicos, de desecho o de escaso valor en produc-tos utiles	2004-03-29	AB-CWT, LLC.
BG107663	Method for slurry separation and biogas production	2003-03-24	GREEN FARM ENERGY A/S
KR1020037002640	Concept for slurry separation and biogas production	2001-08-22	GREEN FARM ENERGY A/S
DE60114863	Concept for slurry separation and biogas production	2001-08-22	GREEN FARM ENERGY A/S
AT2001960198T	Concept for slurry separation and biogas production	2001-08-22	GREEN FARM ENERGY A/S
EEP200300076	Method and system for reducing the number of viable microbial organisms and/or prions present in an organic material	2001-08-22	GREEN FARM ENERGY A/S
ES2001960198	Concept for slurry separation and biogas production	2001-08-22	GREEN FARM ENERGY A/S
AU2001081754	Concept for slurry separation and biogas production	2001-08-22	GREEN FARM ENERGY A/S
US13/591995	Method for treating animal waste	2012-08-22	ENVIROKURE, INCORPORATED
US14/623602	Process for manufacturing liquid and solid organic fertilizer from animal waste	2015-02-17	ENVIROKURE, INCORPORATED
US15/628878	Process for manufacturing liquid and solid organic fertilizer from animal manure	2017-06-21	ENVIROKURE, INC.
US16/005002	Process for manufacturing liquid and solid organic fertilizer from animal manure	2018-06-11	ENVIROKURE INCORPORATED

(续表)

申请号	标题	申请日	申请/专利权人
EP1999101933	Method and device for the methanation of biomasses	1999-01-29	HOFFMANN,MANFRED,PROF. DR. ｜ INSTITUT FÜR AGRARTECHNIK BORNIM E. V. ATB
CN201610292070.8	复合微生物菌剂和菌肥及其制备方法和在修复盐碱土壤中的应用	2016-05-05	陈五岭
US13/986758	Method for reprocessing animal bedding	2013-06-03	EQUINE ECO GREEN, L. L. C.
CN201610551667.X	一种消化处理禽畜粪便与秸秆的方法	2014-10-16	农业部南京农业机械化研究所
JP1992362151	牛粪快速发酵堆肥方法	1992-12-11	中部饲料株式会社
CN201110058291.6	低投入环保处理畜禽粪便快速生产有机肥的工艺	2011-03-11	北京养鸡业协会｜李庆康
CN200710026453.1	一种有机肥料及其制备方法	2007-01-22	凌文武

图表索引

图 2-1　农业废弃物资源化利用领域全球专利年度申请趋势 ……………………（22）
图 2-2　农业废弃物资源化利用领域专利优先权国分布 ……………………（23）
图 2-3　农业废弃物资源化利用领域主要专利优先权国的年度申请趋势 ………（24）
图 2-4　农业废弃物资源化利用领域主要优先权国各专利申请人类型的
　　　　专利申请分布 ………………………………………………………（25）
图 2-5　农业废弃物资源化利用领域授权专利的主要专利申请国 ……………（25）
图 2-6　农业废弃物资源化利用领域主要专利受理局 ………………………（26）
图 2-7　农业废弃物资源化利用领域主要专利申请机构 ……………………（27）
图 2-8　农业废弃物资源化利用领域授权发明专利 TOP10 专利权人 ………（27）
图 2-9　农业废弃物资源化利用领域专利研究对象分布 ……………………（29）
图 2-10　秸秆资源化利用各应用领域分布 …………………………………（30）
图 2-11　畜禽粪污资源化利用各应用领域分布 ……………………………（30）
图 2-12　农业废弃物资源化利用领域在华专利年度申请趋势 ………………（32）
图 2-13　农业废弃物资源化利用领域在华专利本国申请省（市）分布 ………（33）
图 2-14　农业废弃物资源化利用领域在华专利的主要申请机构 ……………（33）
图 2-15　农业废弃物资源化利用领域在华专利研究对象分布 ………………（35）
图 2-16　农业废弃物资源化利用领域在华专利本土申请与来华申请研究
　　　　对象分布 ………………………………………………………（35）
图 2-17　秸秆资源化利用领域在华专利各应用领域分布 ……………………（36）
图 2-18　秸秆资源化利用领域在华专利本土申请与来华申请应用领域分布
　　　　对比 ……………………………………………………………（37）
图 2-19　畜禽粪污资源化利用领域在华专利各应用领域分布 ………………（37）
图 2-20　畜禽粪污资源化利用领域在华专利本土申请与来华申请应用领域
　　　　分布对比 ………………………………………………………（38）
图 2-21　农业废弃物资源化利用领域专利地图 ……………………………（39）
图 3-1　秸秆能源化利用全球专利技术生命周期 ……………………………（46）
图 3-2　秸秆能源化利用技术全球专利年度申请趋势 ………………………（47）
图 3-3　秸秆能源化利用技术专利优先权国（地区）分布 …………………（48）

图 3-4	秸秆能源化利用技术主要技术来源国专利年度申请趋势	(49)
图 3-5	秸秆能源化利用技术主要技术来源国各专利申请人类型的专利申请分布	(50)
图 3-6	秸秆能源化利用技术专利申请受理局分布	(51)
图 3-7	秸秆能源化利用技术专利申请受理区域变迁	(51)
图 3-8	秸秆能源化利用技术 TOP10 专利申请人	(52)
图 3-9	秸秆能源化利用技术 TOP10 专利申请人专利类型分布	(53)
图 3-10	秸秆能源化利用技术 TOP10 专利申请人专利法律状态分布	(53)
图 3-11	秸秆能源化利用技术授权发明专利 TOP10 专利权人	(54)
图 3-12	秸秆能源化利用技术分支分布	(55)
图 3-13	秸秆能源化利用各技术分支专利申请趋势变迁	(55)
图 3-14	国内外秸秆能源化利用技术分支分布对比	(56)
图 3-15	外国秸秆能源化利用技术发展趋势	(57)
图 3-16	中国秸秆能源化利用技术发展趋势	(57)
图 3-17	秸秆能源化利用技术专利 TOP3 技术来源国的技术分支分布	(59)
图 3-18	秸秆能源化利用技术在华专利年度申请趋势	(68)
图 3-19	秸秆能源化利用技术在华专利优先权国（地区、机构）分布	(68)
图 3-20	秸秆能源化利用技术在华专利本国申请省（市）分布	(69)
图 3-21	秸秆能源化利用技术在华专利我国 TOP10 申请人及其专利法律状态分布	(69)
图 3-22	秸秆能源化利用技术在华专利我国 TOP10 申请人的专利类型分布	(70)
图 3-23	秸秆能源化利用技术在华专利申请技术分布	(73)
图 3-24	秸秆能源化利用技术在华专利申请各技术分支年度分布	(73)
图 3-25	秸秆能源化利用技术在华专利申请技术分布	(73)
图 3-26	秸秆能源化利用技术专利分布	(74)
图 3-27	秸秆能源化利用技术发展路线	(78)
图 4-1	畜禽粪污堆肥技术全球专利年度申请趋势	(97)
图 4-2	畜禽粪污堆肥技术专利优先权国分布	(98)
图 4-3	畜禽粪污堆肥技术主要技术来源国变迁	(99)
图 4-4	畜禽粪污堆肥技术主要技术来源国各专利申请人类型的专利申请分布	(100)
图 4-5	畜禽粪污堆肥技术主要技术来源国的专利流向	(100)
图 4-6	畜禽粪污堆肥技术专利受理局分布	(101)
图 4-7	畜禽粪污堆肥技术专利申请受理区域变迁	(101)
图 4-8	畜禽粪污堆肥技术专利我国及外国主要申请机构	(102)
图 4-9	畜禽粪污堆肥技术专利我国及外国申请机构的专利类型分布	(103)

图 4-10	畜禽粪污堆肥技术专利的主要申请机构的专利法律状态分布	（104）
图 4-11	畜禽粪污堆肥技术在华专利年度申请趋势	（105）
图 4-12	畜禽粪污堆肥技术在华专利技术来源国分布	（105）
图 4-13	畜禽粪污堆肥技术在华专利本国申请省（区、市）分布	（106）
图 4-14	畜禽粪污堆肥技术专利地图	（106）
图 4-15	畜禽粪污堆肥技术发展路线	（110）
图 5-1	农业废弃物资源化利用技术领域希乐克公司全球专利申请趋势	（121）
图 5-2	希乐克公司全球专利申请地域分布	（122）
图 5-3	希乐克公司全球专利主要发明人	（123）
图 5-4	希乐克公司在华专利申请趋势分布	（124）
图 5-5	希乐克公司在华专利法律状态分布	（125）
图 5-6	希乐克公司在华失效专利时间趋势	（125）

表 1-1	技术分解表	（16）
表 1-2	检索要素表	（17）
表 2-1	农业废弃物资源化利用领域专利 IPC 分类号 TOP10	（28）
表 2-2	农业废弃物资源化利用领域在华专利申请来源区域分布	（32）
表 2-3	农业废弃物资源化利用领域在华专利 IPC 分类号 TOP10	（34）
表 3-1	秸秆能源化利用技术主要技术来源国专利类型分布	（50）
表 3-2	秸秆能源化利用技术在华专利外国申请人	（70）
表 3-3	秸秆能源化利用技术重要专利（一）	（87）
表 3-4	秸秆能源化利用技术重要专利（二）	（88）
表 3-5	秸秆能源化利用技术重要专利（三）	（90）
表 3-6	秸秆能源化利用技术重要专利（四）	（91）
表 3-7	秸秆能源化利用技术重要专利（五）	（91）
表 4-1	畜禽粪污堆肥技术重要专利（一）	（114）
表 4-2	畜禽粪污堆肥技术重要专利（二）	（114）
表 4-3	畜禽粪污堆肥技术重要专利（三）	（115）
表 4-4	畜禽粪污堆肥技术重要专利（四）	（116）
表 4-5	畜禽粪污堆肥技术重要专利（五）	（117）
表 5-1	希乐克公司全球专利主要目标市场专利技术构成	（122）
表 5-2	希乐克公司全球专利 Top3 发明人技术领域分布	（123）
表 5-3	希乐克公司农业废弃物资源化利用领域全球重要专利	（125）